"十三五"国家重点出版物出版规划项目

现代机械工程系列精品教材

普通高等教育 3D 版机械类系列教材

机 械 原 理
（3D 版）

徐 楠　王秀叶　郭春洁　何 芹　陈清奎　编著

机械工业出版社

本书以培养机械系统方案创新设计能力为目标，贯穿以设计为主线的思想，注重联系工程实际，启迪学生思维。全书共分为12章，内容包括绪论、机构的结构分析、平面机构的运动分析、平面机构的力分析、机械的效率和自锁、平面连杆机构及其设计、凸轮机构及其设计、齿轮机构及其设计、轮系及其设计、其他常用机构、机械系统动力学设计、机械系统方案设计。每章最后附有习题与思考题，便于读者掌握重点内容。

本书配有利用虚拟现实（VR）、增强现实（AR）等技术开发的 3D 虚拟仿真教学资源，方便读者学习。

本书适用于普通高等工科院校机械类专业的本科生和专科生，也适用于各类成人教育、自学考试等机械类专业的学生，还可供从事机械设计工作的工程技术人员参考。

图书在版编目（CIP）数据

机械原理（3D 版）/徐楠等编著. —北京：机械工业出版社，2019.9
（2023.12 重印）

"十三五"国家重点出版物出版规划项目　现代机械工程系列精品教材
普通高等教育 3D 版机械类系列教材
ISBN 978-7-111-63541-3

Ⅰ.①机…　Ⅱ.①徐…　Ⅲ.①机构学-高等学校-教材　Ⅳ.①TH111

中国版本图书馆 CIP 数据核字（2019）第 182030 号

机械工业出版社（北京市百万庄大街 22 号　邮政编码 100037）
策划编辑：蔡开颖　责任编辑：蔡开颖　王海霞　任正一
责任校对：王　欣　封面设计：张　静
责任印制：常天培
北京机工印刷厂有限公司印刷
2023 年 12 月第 1 版第 7 次印刷
184mm×260mm·12 印张·290 千字
标准书号：ISBN 978-7-111-63541-3
定价：34.80 元

电话服务　　　　　　　　　　网络服务
客服电话：010-88361066　　　机　工　官　网：www.cmpbook.com
　　　　　010-88379833　　　机　工　官　博：weibo.com/cmp1952
　　　　　010-68326294　　　金　书　网：www.golden-book.com
封底无防伪标均为盗版　　机工教育服务网：www.cmpedu.com

序

虚拟现实（VR）技术是计算机图形学和人机交互技术的发展成果，具有沉浸感（Immersion）、交互性（Interaction）、构想性（Imagination）等特征，能够使用户在虚拟环境中感受并融入真实、人机和谐的场景，便捷地实现人机交互操作，并能从虚拟环境中得到丰富、自然的反馈信息。在特定应用领域中，VR技术不仅可解决用户应用的需要，若赋予丰富的想象力，还能够使人们获取新的知识，促进感性和理性认识的升华，从而深化概念，萌发新的创意。

机械工程教育与VR技术的结合，为机械工程学科的教与学带来显著变革：通过虚拟仿真的知识传达方式实现更有效的知识认知与理解。基于VR的教学方法，以三维可视化的方式传达知识，表达方式更富有感染力和表现力。VR技术使抽象、模糊成为具体、直观，将单调乏味变成丰富多变、极富趣味，令常规不可观察变为近在眼前、触手可及，通过虚拟仿真的实践方式实现知识的呈现与应用。虚拟实验与实践让学习者在创设的虚拟环境中，通过与虚拟对象的主动交互，亲身经历与感受机器拆解、装配、驱动与操控等，获得现实般的实践体验，增加学习者的直接经验，辅助将知识转化为能力。

教育部编制的《教育信息化十年发展规划（2011—2020年）》（以下简称《规划》），提出了建设数字化技能教室、仿真实训室、虚拟仿真实训教学软件、数字教育教学资源库和20000门优质网络课程及其资源，遴选和开发1500套虚拟仿真实训实验系统，建立数字教育资源共建共享机制。按照《规划》的指导思想，教育部启动了包括国家级虚拟仿真实验教学中心在内的若干建设工程，力推虚拟仿真教学资源的规划、建设与应用。近年来，很多学校陆续采用虚拟现实技术建设了各种学科专业的数字化虚拟仿真教学资源，并投入应用，取得了很好的教学效果。

"普通高等教育3D版机械类系列教材"是由山东高校机械工程教学协作组组织驻鲁高等学校教师编写的，充分体现了"三维可视化及互动学习"的特点，将难于学习的知识点以3D教学资源的形式进行介绍，其配套的虚拟仿真教学资源由济南科明数码技术股份有限公司开发完成，并建设了"科明365"在线教育云平台（www.keming365.com）。该公司还开发有单机版、局域网络版、互联网版的3D虚拟仿真教学资源，构建了"没有围墙的大学""不限时间、不限地点、自主学习"的学习资源。

古人云，天下之事，闻者不如见者知之为详，见者不如居者知之为尽。

该系列教材的陆续出版，为机械工程教育创造了理论与实践有机结合的条件，很好地解决了普遍存在的实践教学条件难以满足卓越工程师教育需要的问题。这将有利于培养制造强国战略需要的卓越工程师，助推中国制造2025战略的实施。

张进生

于济南

前　言

本书是由山东高校机械工程教学协作组组织编写的"普通高等教育 3D 版机械类系列教材"之一。

党的二十大报告提出，要"推进教育数字化，建设全民终身学习的学习型社会、学习型大国"。加快推进教育数字化转型，是我国教育实现从基本均衡到优质均衡、从教育大国到教育强国的必然选择。我们要高度重视教育数字化，以数字化促进教育研究和实践范式变革，为促进人的全面发展、实现中国式教育现代化，进而为全面建成社会主义现代化强国、实现第二个百年奋斗目标奠定坚实基础。

本书按照教育部高等学校机械基础课程教学指导分委员会机械基础系列课程教学的基本要求，结合当前高等学校教育改革和对工科人才培养的要求编写，在内容上既系统地介绍基本概念、基础知识、基本方法，又突出重点、简化难点、理论联系实际，以培养学生的机械系统方案创新设计能力。本书利用虚拟现实（VR）、增强现实（AR）等技术开发的 3D 虚拟仿真教学资源，体现了"三维可视化及互动学习"的特点，将难于学习的知识点以 3D 教学资源的形式进行介绍，以力图达到"教师易教、学生易学"的目的。本书配有二维码链接的 3D 虚拟仿真教学资源，手机用户请使用微信的"扫一扫"观看、互动使用。二维码中有 图标的表示免费使用，有 图标的表示收费使用。本书提供免费的教学课件，欢迎选用本书作为教材的教师登录机械工业出版社教育服务网（www.cmpedu.com）下载。济南科明数码技术股份有限公司还开发有单机版、局域网版、互联网版的 3D 虚拟仿真教学资源，可供师生在线（www.keming365.com）使用，该 VR 教学云平台是按照党的二十大报告要求，推进了本课程教学的教育数字化工作，在推动教育公平以及增强城乡、地区、校际教育发展的协调性和平衡性方面起到了很好的作用。

本书适用于普通高等工科院校机械类专业的本科生和专科生，也适用于各类成人教育、自学考试等机械类专业的学生，还可供从事机械设计工作的工程技术人员参考。

本书第 1、3、12 章由山东建筑大学徐楠编写，第 4、6、7、9 章由山东建筑大学王秀叶编写，第 2、5、10、11 章由烟台南山学院郭春洁编写，第 8 章由王秀叶、徐楠、何芹共同编写。与本书配套的 3D 虚拟仿真教学资源由山东建筑大学徐楠、王秀叶、陈清奎、王囡囡与济南科明数码技术股份有限公司胡冠标、陈万顺、李晓东、金洁、宋玉、张亚松、胡洪媛、张言科、邵辉笙、刘腾志、丁伟等共同开发完成，济南科明数码技术股份有限公司负责网上在线教学资源的维护、运营等工作。本书的编写得到了很多教师、学生及设计人员的大力支持与帮助，在此一并表示衷心感谢。

由于编者水平有限，书中难免存在疏漏和不妥之处，敬请广大读者批评指正。

编　者

目　录

第1章

绪　论

🔧 1.1　机械原理课程研究的对象和内容

1.1.1　机械原理课程的研究对象

机械原理课程的研究对象是机械。机械是机器与机构的总称。因此，机械原理也称为机器与机构的理论（Machines and Mechanisms Theory，MMT）。那么，何为机器？何为机构？

1. 机器

机器是根据某种使用要求而设计的执行机械运动的装置，可用来变换或传递能量、物料和信息。在日常生活和生产活动中，需要接触许多机器，如用来变换或传递能量的电动机、内燃机、汽轮机等，用来变换物料状态的各种加工机械，用来传递信息的计算机、打印机等。不同的机器具有各不相同的构造、用途和性能，但从其力学特性及其在生产中的地位来看，机器具有三个共同的特征：

1）它们是人为实物组合。

2）各组成部分之间具有确定的相对机械运动。

3）能够用来变换或传递能量、物料和信息。

凡是同时满足以上三个特征的实物便可称为机器。

现代机器通常由动力部分、执行部分、传动部分以及信息检测、处理和控制系统等组成。其中，动力部分也称为原动机部分，它是机器的动力源，既可以是人力、畜力，也可以是蒸汽机、电动机、内燃机等；执行部分是用来完成机器预定功能的部分，一部机器可以只有一个执行部分（如自行车的车轮），也可以有多个执行部分（如牛头刨床的刨刀执行刨削的功能，工作台执行带动工件移动的功能）；传动部分用来将原动机部分的运动形式、运动及动力参数转变为执行部分所需的运动形式、运动及动力参数，如它可以把旋转运动变为直线运动、高速变为低速、小转矩变为大转矩等；信息检测、处理和控制系统一般为计算机系统，它是达到机器精确度、实现复杂功能的有力保障。

2. 机构

机构是人为实物的组合体，具有确定的相对机械运动，可以用来传递和转换运动。典型的机构包括连杆机构、凸轮机构、齿轮机构、槽轮机构等。机器的三个特征中的前两个特征

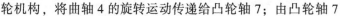

也属于机构的特征，但机构不具备机器的第三个特征。例如，内燃机具有转换机械能的功能，而内燃机中的连杆机构、凸轮机构等则只起到转换运动的作用。此外，机器可以由一个机构组成，也可以由多个机构组成。

图1-1为单缸四冲程内燃机构造示意图。由气缸1、活塞2、连杆3和曲轴4组成的连杆机构，可将活塞的往复直线运动变换为曲轴的旋转运动；由齿轮5和齿轮6及机体组成的齿轮机构，将曲轴4的旋转运动传递给凸轮轴7；由凸轮轴7

和推杆8及机体组成的凸轮机构，将凸轮的旋转运动转换为推杆8的直线运动。通过以上各种机构的协调配合动作，燃料在气缸内燃烧的热能便可转变为曲轴和推杆的运动。

1.1.2 机械原理课程的研究内容

机械原理课程主要研究以下几个方面的问题：

（1）机构的结构分析 研究机构是怎样组成的，机构具有确定运动的条件，机构的结构分类，以及如何用机构运动简图表达机构。

（2）机构的运动分析 它是了解现有机械运动性能的必要手段，也是设计新机械时的重要工作内容，其理论基础是理论力学中的运动学，介绍机构运动分析的主要方法。

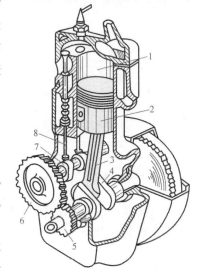

图 1-1 单缸四冲程内燃机构造示意图
1—气缸 2—活塞 3—连杆 4—曲轴
5、6—齿轮 7—凸轮轴 8—推杆

（3）常用机构的分析与综合 机械中的常用机构包括连杆机构、凸轮机构、齿轮机构和间歇运动机构等。介绍常用机构的结构、类型、原理、运动、应用、分析和综合等内容。

（4）机器动力学 研究机械在力作用下的运动和机械在运动中产生的力，并研究如何从力与运动相互作用的角度进行机械的设计和改进。

（5）机械系统方案设计 主要介绍机械系统方案的设计步骤、功能分析、机构创新、执行机构的运动规律、机械系统运动协调设计的基本原则和方法等，使学生初步具有拟定机械系统方案的能力。

1.2 机械原理课程的地位和学习目的

1.2.1 机械原理课程的地位

机械原理是一门培养学生具有基本机械设计能力的专业基础课。它的先修课程包括机械制图、理论力学（工程力学）等，相对于理论力学课程中抽象的力学原理和计算来说，机械原理更接近于工程实际。它的后续课程包括机械设计、机械制造技术基础等，可为这些课程在设计思想方面打下良好的基础。

对于机械专业学生而言，机械原理是一门重要的主干专业基础课，在教学中起着承上启下的作用，在机械设计系列课程体系中占有非常重要的地位。

1.2.2　机械原理课程的学习目的

概括来说，机械原理课程的学习目的是认识机械、分析机械、设计机械。

认识机械是基础。通过对常用机构、机械的结构、组成原理和运动学分析等方面的学习，达到认识机械、了解机械和使用机械的目的。

分析机械是关键。掌握机械运动分析、力分析和工作能力分析的方法，对机械的认识可提高到理性认识的高度，从而可以对现有的机械进行分析，研究其对特定应用场合的适用性，发现设计中的问题，并提出改进意见。

设计机械是归宿。学习机构设计方法，并通过机械原理课程设计进一步掌握机械系统方案设计的基本知识，进行设计机械的基本训练，为今后完成毕业设计及解决工程实际中的设计问题奠定坚实的基础。

1.3　机械原理课程学习方法建议

机械原理课程作为一门专业技术基础课，不具体研究某种特定机械，而只是对各种机械中的一些共性问题和常用机构进行较为深入的探讨。为了学好本课程，在学习过程中，应着重注意搞清基本概念，理解基本原理，掌握机构分析和综合的基本方法。同时，应注意做到以下几点：

（1）注意机械原理课程与先修课程的联系　机械原理课程与先修课程中联系最为密切的是理论力学，理论力学中的运动学、静力学和动力学的相关知识，是机械原理课程的直接基础。但是，理论力学中的有关内容较为抽象，机械原理课程将这些抽象的理论和方法应用于实际机械，因此更易于理解和掌握。学习时，应注意力学知识的灵活运用。

（2）基本理论和方法的学习与发现、分析和解决工程实际问题的能力相结合　在学习本课程的过程中，应把重点放在掌握研究问题的基本思路和方法上，要有意识地培养自己运用所学知识去发现、分析和解决工程实际问题，重在培养对事物的分析、判断、决策等能力，这些是工程技术人员必须具备的基础能力。

（3）利用一切机会把理论与实际相结合　与本课程有关的教学环节有实验、课程设计、各类设计大赛、课外科技活动，以及教师的项目课题等，这些都是理论联系实际的良好途径，应把现实中接触到的各种机构融入学习中，可加深印象、帮助理解、获得启发，最终提高创新与设计能力。

（4）培养良好的工作作风和工作态度　工程问题都是涉及多方面因素的综合问题，要养成综合分析、全面考虑问题的习惯。另外，工程问题都要经过实践的严格考验，不允许有半点疏忽大意，因此，在学习中就要坚持科学严谨、一丝不苟的工作作风，认真负责的工作态度，以及讲求实效的工程观念。

习题与思考题

1-1 机械原理课程研究的对象与内容是什么？

1-2 什么是机械、机器、机构？各举一例说明。

1-3 如何才能学好机械原理课程？

1-4 试分析某简单日用机械（如摇头风扇、波轮洗衣机等）的组成与工作原理。

第 2 章

机构的结构分析

2.1　机构结构分析的内容及目的

　　机构是机器的主要组成部分，它是由两个或两个以上的基本元件彼此间形成一种可动连接，以实现运动和力的传递。

　　机构结构分析的主要内容如下：

　　（1）分析机构的组成及表达方法　研究机构组成的一般规律，以及如何用简单的图形将具体的机械结构和运动状况表示出来。

　　（2）分析机构具有确定运动的条件　机构要能正常工作，必须具有确定的运动，因而必须知道机构具有确定运动的条件。

　　（3）分析机构的组成原理及结构分类　研究机构的组成原理，根据组成原理，对各种机构进行结构分类，在此基础上建立运动分析和受力分析的一般方法。

2.2　机构的组成

2.2.1　构件

　　任何机器都是由若干单独加工制造的单元体（又称零件）组装而成的。例如，图 1-1 所示的内燃机就是由气缸、活塞、连杆、曲轴、齿轮、凸轮轴、推杆等一系列零件组成的。

　　零件刚性地连接在一起，组成一个独立的运动单元体，称为一个构件。构件是机构中最基本的运动元件。例如，内燃机中的连杆（图 2-1）就是由连杆体、连杆头、螺栓、螺母、垫圈等零件刚性地连接在一起作为一个整体而运动的。

　　零件是制造的单元。构件可以是一个零件，如内燃机中的曲轴；也可由若干个无相对运动的零件组成，如内燃机中的连杆虽包含多个零件，但它是作为

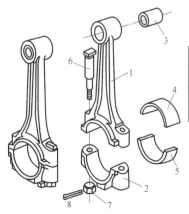

图 2-1　连杆

1—连杆体　2—连杆盖　3、4、5—轴瓦

6—螺栓　7—螺母　8—开口销

一个整体而运动的。

2.2.2　运动副

1. 运动副与约束

构件组成机构时，必须将各构件以可动的方式连接起来。两个构件以具有一定几何形状和尺寸的表面相互接触而形成可动连接，两构件相互接触的表面有点、线、面等接触形式，称接触表面为运动副元素。通常，将由两个构件直接接触而组成的可动连接称为运动副。

例如，轴与轴承的配合、滑块与导轨的接触、两齿轮轮齿的啮合等都构成了运动副。它们的运动副元素分别为圆柱面和圆孔面（图 2-2a）、棱柱面和棱柱槽面（图 2-2b）以及两齿廓曲面（图 2-2c）。

运动副是组成机构的另一基本要素。

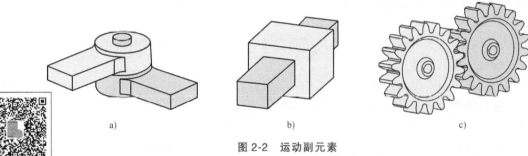

图 2-2　运动副元素

a）圆柱面和圆孔面　b）棱柱面和棱柱槽面　c）两齿廓曲面

两个构件通过运动副元素的接触来传递运动和力，运动副元素间的连续接触限制了两构件间的某些相对运动的自由度。运动副对构件间的相对运动自由度所施加的这种限制称为约束。

2. 运动副的分类

（1）根据构成运动副的两构件的接触情况分类

1）高副。凡两构件通过点或线接触而构成的运动副统称为高副，如图 2-2c 所示的运动副。

2）低副。通过面接触而构成的运动副统称为低副，如图 2-2a、b 所示的运动副。

（2）根据构成运动副的两构件之间的相对运动形式分类

1）转动副。两构件之间的相对运动为转动的运动副称为转动副或回转副，也称铰链，如图 2-2a 所示。

2）移动副。两构件之间的相对运动为移动的运动副称为移动副，如图 2-2b 所示。

3）螺旋副。两构件之间的相对运动为螺旋运动的运动副称为螺旋副，如图 2-3a 中螺杆与螺母组成的运动副。

4）球面副。两构件之间的相对运动为球面运动的运动副称为球面副，如图 2-3b 中球头与球碗组成的运动副。

此外，还可把构成运动副的两构件之间的相对运动为平面运动的运动副统称为平面运动副（如转动副、移动副等），两构件之间的相对运动为空间运动的运动副统称为空间运动副（如螺旋副、球面副等）。

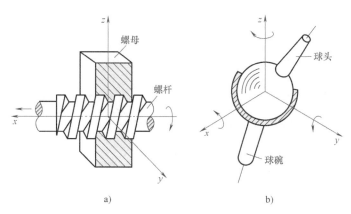

a)   b)

图 2-3 螺旋副和球面副
a) 螺旋副 b) 球面副

2.2.3 运动链

如上所述，组成机构的各构件是通过运动副彼此相连的。把构件通过运动副连接而构成的相对可动的构件系统称为运动链。

如果运动链的构件形成了首末封闭的环链（图 2-4a、b），则称其为闭式运动链，简称闭链；如果构件未构成首末封闭环链的（图 2-4c、d），则称为开式运动链，简称开链。在各种机械中一般都采用闭链，开链多用在机械手、挖掘机等多自由度机械中。

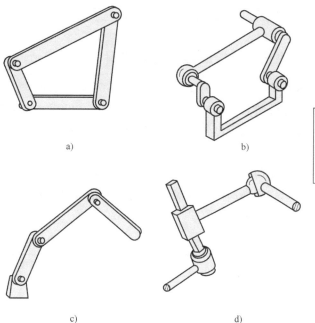

a)   b)

c)   d)

图 2-4 运动链
a)、b) 闭式运动链 c)、d) 开式运动链

2.2.4 机构

在运动链中，如果将其中某一构件加以固定而成为机架，则该运动链便成为机构，如图 2-5a 所示。根据构件在机构中所起的作用不同，可将其分为以下几类：

（1）原动件 机构中按给定的已知运动规律独立运动的构件称为原动件（也称为主动件、输入件），常在其上画转向或直线箭头表示。例如，图 2-5b 中的构件 1 就是原动件。在一个机构中可以有一个或多个原动件。

（2）从动件 机构中随原动件做确定的相对运动的构件称为从动件，如图 2-5b 中的构件 2 和 3。

（3）机架 机构中固定不动的构件称为机架（也称为固定构件），如图 2-5b 中的构件 4。在一个机构中只有一个机架，它用于支承和作为其他构件运动的参考坐标。

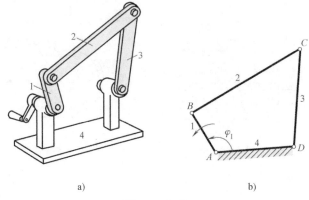

图 2-5　机构

📌 2.3　机构运动简图

2.3.1　机构运动简图的概念和作用

　　研究机构运动时，为使问题简化，可不考虑那些与运动无关的因素（如构件形状、组成构件的零件数目、运动副的具体构造等），仅用一些简单的线条和符号表示构件和运动副，并按一定比例定出各运动副的位置，以说明机构中各构件的相对运动关系。这样绘制的图形称为机构运动简图。不按尺寸比例绘制的机构图形称为机构运动示意图。

　　机构运动简图简明地表达了机构的传动原理。在研究已有机械和设计新机械时，都要画出相应的机构运动简图，以便进行运动分析和受力分析。表2-1~表2-3列出了机构运动简图常用的规定符号。

表 2-1　运动副的表达方法

运动副	表达方法					
平面低副						
平面高副						

（续）

运动副	表达方法
空间运动副	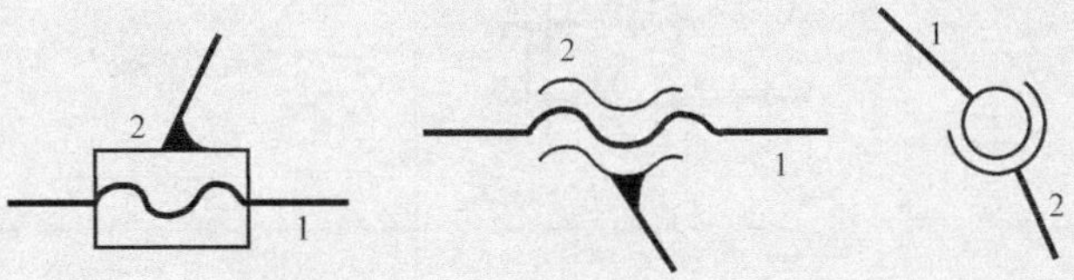

表 2-2　一般构件的表达方法

构件	表达方法
固定构件	
同一构件	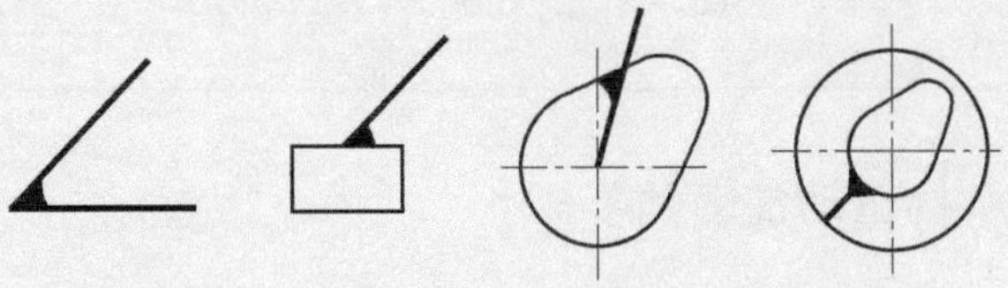
两副构件	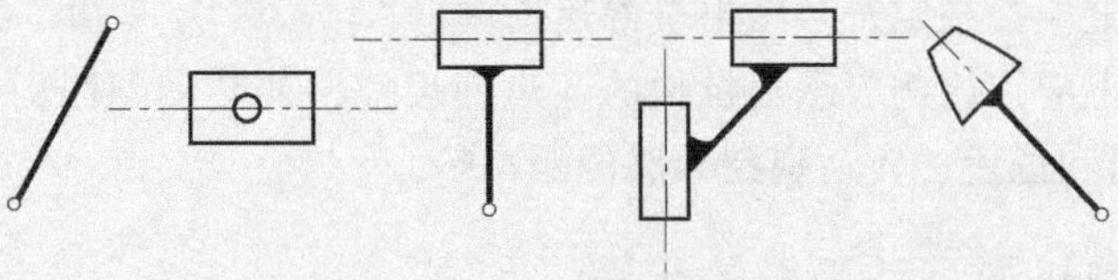
三副构件	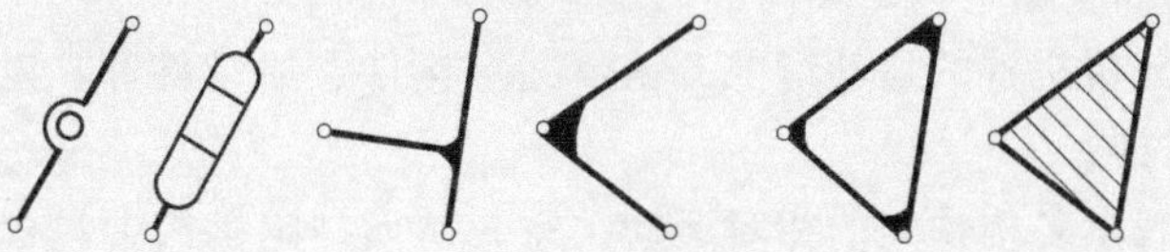

表 2-3　常用机构运动简图符号

在支架上的电动机	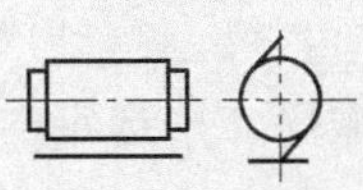	齿轮齿条传动	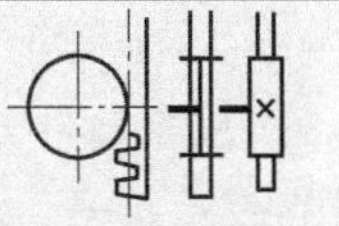
带传动	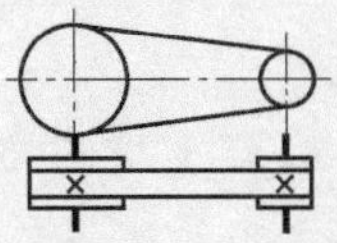	锥齿轮传动	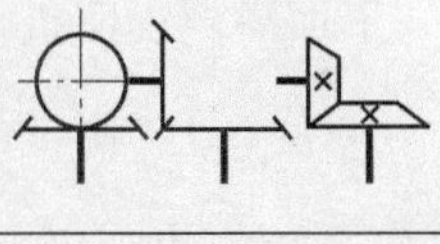
链传动	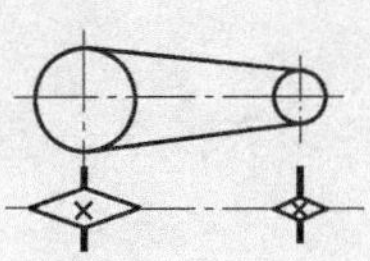	圆柱蜗杆传动	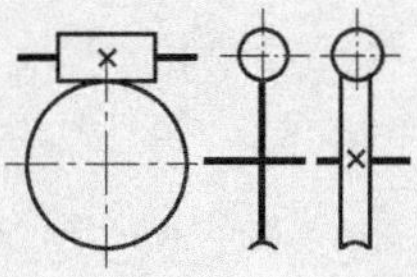

（续）

摩擦轮传动		凸轮机构	
外啮合圆柱齿轮传动		槽轮机构	
内啮合圆柱齿轮传动		棘轮机构	

2.3.2 绘制机构运动简图的要求

1）简图上应按规定符号画出全部构件，并标明主动件。必要时应对各构件进行编号。

2）简图上应按规定符号画出全部运动副。

3）简图上应按比例表示出机构的各运动尺寸，如转动副间的中心距、移动副轴线（即导路）的方向和位置、转动副到导路的距离等。

2.3.3 绘制机构运动简图的步骤

通常，绘制平面机构运动简图的步骤如下：

1）仔细分析机构的运动情况，认清固定构件、原动件和从动件，从而判定该机构含有多少个活动构件。

2）仔细观察各构件间的相对运动关系，从而判定机构中包含的运动副数目与类型。

3）合理选择投影面。

4）选择适当的比例尺，测定各运动副间的相对位置和尺寸。其中，比例尺 μ_l = 实际尺寸（m）/图面尺寸（mm）。

5）从原动件开始，按照活动构件运动传递的顺序，用选定的比例尺和规定的构件与运动副的表示符号，绘制出平面机构运动简图。

下面举例说明机构运动简图的绘制方法。

例 2-1 图 2-6a 所示为一颚式碎矿机。当偏心轴 1 绕其轴心连续转动时，动颚板 2 做往复摆动，从而将处于动颚板 2 和固定颚板 4 之间的矿石轧碎。试绘制此碎矿机的机构运动简图。

解 1）此碎矿机由原动件偏心轴 1、从动件动颚板 2、肘板 3 和机架固定颚板 4 组成，飞轮 5 和偏心轴 1 为同一个构件。

2）偏心轴 1 与机架在 A 点构成转动副（A 点即飞轮的回转中心）；偏心轴 1 与动颚板 2 也构成转动副，其轴心在 B 点（即动颚板绕偏心轴的回转几何中心）；肘板 3 分别与动颚板 2 和机架在 C、D 两点构成转动副。其运动传递路径为电动机→带传动→偏心轴→动颚板→肘板。其中，电动机、带传动未在图中表示，飞轮 5 也是带传动中的大带轮。

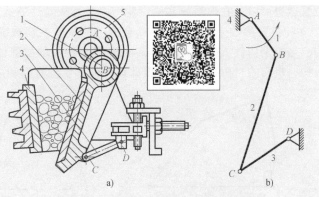

图 2-6　颚式碎矿机及其机构运动简图
a）结构原理图　b）机构运动简图
1—偏心轴　2—动颚板　3—肘板　4—固定颚板　5—飞轮

所以，该机构原动件为偏心轴 1，从动件为动颚板 2、肘板 3，它们与机架共同构成曲柄摇杆机构（曲柄摇杆机构将在第 6 章中介绍）。

3）图 2-6 已能清楚地表达各构件之间的运动关系，故选此平面为简图的投影面。

4）选取合适的比例尺，确定 A、B、C、D 四个转动副的位置，即可绘制出机构运动简图，如图 2-6b 所示，最后标出原动件的转动方向。

在机构运动简图绘制完成后，还应注意，对于较复杂的机构需要校核其自由度，以判定它是否具有确定的相对运动和所绘制的简图是否正确。

2.4　机构自由度的计算

2.4.1　机构的自由度

机构自由度即机构相对于机架能够产生独立运动的数目。两个构件未组成运动副之前，在空间中，每个构件有 6 个自由度。当两个构件组成运动副之后，它们之间的相对运动便受到约束，相应的自由度数目随之减少。例如，图 2-3b 所示的球面副，构件受到 3 个约束，失去 3 个自由度，剩下 3 个自由度。

对于一个平面机构，各构件只做平面运动，所以每个构件具有 3 个自由度。如果一个平面机构包含 n 个活动构件（显然机架除外），有 P_L 个低副和 P_H 个高副，则这 n 个活动构件在未用运动副连接前共有 $3n$ 个自由度，能产生 $3n$ 个独立的运动。当用 P_L 个低副和 P_H 个高副连接成机构后，受到 $2P_L + P_H$ 个约束，整个机构相对于机架独立运动的自由度 F 等于活动构件自由度的总数 $3n$ 减去运动副引入约束的总数（$2P_L + P_H$），即

$$F = 3n - 2P_L - P_H \tag{2-1}$$

由式（2-1）可知，为保证平面机构能够运动，其机构自由度 F 必须大于零。

2.4.2　机构具有确定运动的条件

机构要实现预期的运动传递和变换，必须使其运动具有可能性和确定性。如图 2-7a 所示的平面五杆机构，若取构件 1 作为主动件，当给定 φ_1 时，构件 2、3、4 既可以处在实线

位置，也可以处在虚线或其他位置，因此其从动件的运动是不确定的。但如果同时给定构件1、4的位置参数 φ_1 和 φ_2，则其余构件的位置就都被确定下来了。如图 2-7b 所示的四杆机构，当给定构件 1 的位置参数 φ_1 时，其他构件的位置也被相应确定。如图 2-7c 所示的三杆机构，机构的自由度等于 0，因此该构件系统没有运动的可能性。

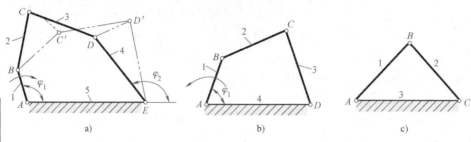

图 2-7 平面连杆机构

a）平面五杆机构 b）平面四杆机构 c）平面三杆机构

由此可见，无相对运动的构件组合或无规则运动的运动构件，都不能实现预期的运动变换。将运动链中的一个构件固定为机架，当运动链中的一个或几个主动件位置确定时，其余从动件的位置也随之确定，则称机构具有确定的相对运动。究竟取一个还是几个构件作为主动件，这取决于机构的自由度。

机构的自由度是机构所具有的独立运动的数目。因此，当机构中的原动件数等于机构自由度数时，机构具有确定的相对运动，这就是机构具有确定运动的条件。

2.4.3 平面机构自由度的计算

利用式（2-1）进行平面机构自由度的计算。

例 2-2 试计算图 2-6 所示颚式碎矿机的自由度，并判断该机构是否具有确定的相对运动。

解 由其机构运动简图不难看出，此机构共有 3 个活动构件（偏心轴 1、动颚板 2 和肘板 3），4 个低副（转动副 A、B、C、D），没有高副，则其自由度为

$$F = 3n - 2P_L - P_H = 3 \times 3 - 2 \times 4 - 0 = 1$$

由于机构中的原动件数等于机构自由度数，因此机构具有确定的相对运动。

在计算平面机构的自由度时，还必须正确处理一些应注意的事项，否则将得不到正确的结果。现将应注意的主要事项简述如下。

1. 复合铰链

两个以上的构件共用同一转动轴线所构成的转动副称为复合铰链。图 2-8a 所示为 3 个构件一起构成的复合铰链，由其俯视图可知，这 3 个构件共组成 2 个转动副。同理，由 m 个构件（包括固定构件）组成的复合铰链应包含（$m-1$）个转动副。图 2-8b 所示为钢板剪切机的机构运动简图，B 处即是由 3 个构件组成的复合铰链，故转动副应为 2 而不是 1。计算该机构自由度时，活动构件数 $n=5$，低副数 $P_L=7$，高副数 $P_H=0$，机构自由度为

$$F = 3n - 2P_L - P_H = 3 \times 5 - 2 \times 7 - 0 = 1$$

此机构需要一个原动件，机构运动即可确定。

2. 局部自由度

在有些机构中，某些构件所产生的局部运动并不影响其他构件的运动，则称这种局部运动的自由度为局部自由度。例如，在图2-9a所示的凸轮机构中，滚子3绕自身轴线的转动不影响其他构件的运动，该转动的自由度即为局部自由度。计算时，应先把滚子与推杆2视为固连成一体，消除局部自由度（图2-9b），再计算该机构的自由度。

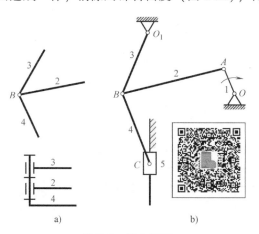

图 2-8　复合铰链

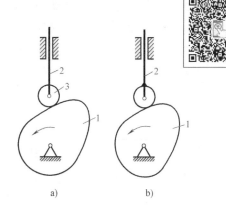

图 2-9　局部自由度
1—凸轮　2—推杆　3—滚子

图 2-9 所示凸轮机构的自由度为

$$F = 3n - 2P_L - P_H = 3 \times 2 - 2 \times 2 - 1 = 1$$

3. 虚约束

对机构的运动实际不起作用的约束称为虚约束。下面首先分析一个例题。

例 2-3　计算图 2-10a 所示平行四边形机构的自由度。

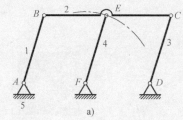
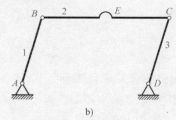

图 2-10　平行四边形机构

解　已知 AB、CD、EF 互相平行；机构有 4 个活动构件，6 个低副，没有高副，则机构自由度为

$$F = 3n - 2P_L - P_H = 3 \times 4 - 2 \times 6 - 0 = 0$$

但该机构实际上是可动的，故计算结果肯定不正确。因为 $FE = AB = CD$，所以增加构件 4 之后，E 点的运动轨迹仍是圆弧。即增加的约束不起作用，应去掉构件 4，如图 2-10b 所示。

因此，$n = 3$，$P_L = 4$，$P_H = 0$，机构自由度为

$$F = 3n - 2P_L - P_H = 3 \times 3 - 2 \times 4 - 0 = 1$$

自由度数等于原动件数，此平行四边形机构具有确定的运动。

出现虚约束的场合可能有以下几种：

1）两构件连接前后，连接点的轨迹重合，如图 2-10 所示平行四边形机构（此例存在虚约束的几何条件是 AB、CD、EF 平行且长度相等）、椭圆仪机构、蒸汽机火车车轮连动机构等。

2）两构件构成多个移动副，且导路平行，如图 2-11a 所示。

3）两构件构成多个转动副，且同轴，如图 2-11b 所示。

4）运动时，两构件上的两点距离始终不变，如图 2-11c、d 所示。

5）对运动不起作用的对称部分，如图 2-11e 所示的多个行星轮。

6）两构件构成高副、两处接触，且法线重合，如图 2-11f 所示的等宽凸轮机构。当法线不重合时，虚约束则变成实际约束，如图 2-12 所示。

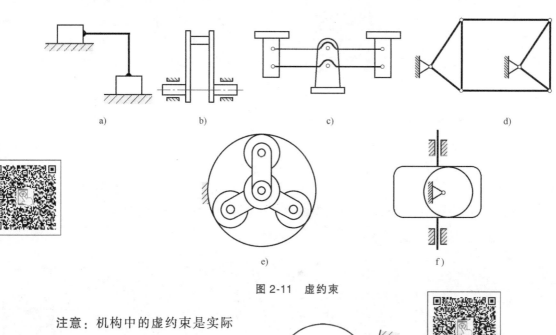

a)　　　b)　　　c)　　　d)

e)　　　f)

图 2-11　虚约束

注意：机构中的虚约束是实际存在的，计算中所谓"除去不计"是从运动观点分析上做的假想处理，并非实际拆除。各种出现虚约束的场合都必须满足一定的几何条件，包括转动副间的距离、移动副的方位、高副元素曲率中心位置和接触点（线）的法线方位等。

在机构中引入虚约束的目的在于：

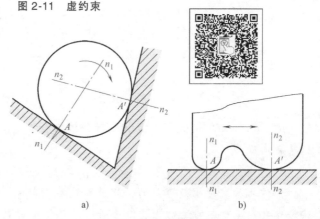

a)　　　b)

图 2-12　高副约束

1）改善构件的受力情况，如多个行星轮。

2）增加机构的刚度，如轴与轴承、机床导轨。

3）使机构运动顺利，避免运动不确定，如车轮。

例2-4　计算图2-13a所示大筛机构的自由度。

解　机构中的滚子有一个局部自由度，顶杆与机架在 E 和 E' 处组成两个导路平行的移动副，其中之一为虚约束，C 处是复合铰链。现将滚子与顶杆焊成一体，去掉移动副 E'，并在 C 处注明转动副数，如图2-13b所示。

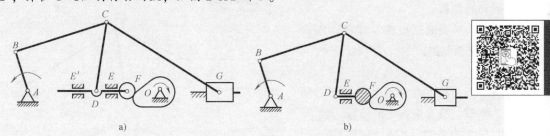

a)　　　　　　　　　　　　　　　b)

图 2-13　大筛机构

由图2-13b得，$n=7$，$P_L=9$（7个转动副和2个移动副），$P_H=1$，故由式（2-1）得

$$F=3n-2P_L-P_H=3\times7-2\times9-1=2$$

此机构的自由度数等于2，因有2个原动件，故机构具有确定的相对运动。

2.5　平面机构的组成原理及结构分析

2.5.1　平面机构的组成原理

机构具有确定运动的条件是其原动件数等于机构所具有的自由度数。因此，如果将机构的机架及与机架相连的原动件从机构中拆分开来，则由其余构件构成的构件组必然是一个自由度为零的构件组。而这个自由度为零的构件组，有时还可以再拆分成更简单的自由度为零的构件组。把最后不能进一步再拆分的最简单的自由度为零的构件组称为基本杆组，简称杆组。由此可知，任何机构都可以看作是由若干个基本杆组依次连接于原动件和机架上而构成的。这就是机构的组成原理，即

自由度为 F 的机构 = F 个原动件 + 1 个机架 + 若干个基本杆组

对于图2-14所示的平面六杆机构，其自由度 $F=1$。如将原动件1及机架与其余构件拆开，则由构件2、3、5、6所构成的从动件系统的自由度为零，并可以再拆分为分别由构件2和3、5和6组成的两个基本杆组。

根据机构组成原理，当对现有机构进行运动分析或动力分析时，可将机构分解为机架和原动件及若干个基本杆组，然后对相同类型的基本杆组以相同的方法进行分析。反之，利用机构组成原理，还可以进行新机构的设计，即设计新机构时，可先选定一个机架，并将数目等于机构自由度数的 F 个原动件用运动副连于机架上，然后再将一个个基本杆组依次连于机架和原动件上，从而构成一个新机构。

2.5.2　平面机构的结构分类

机构的结构分类是根据机构中基本杆组的不同组成形态进行的。组成平面机构的基本杆

组根据式 (2-1) 应符合以下条件

$$F = 3n - 2P_L - P_H = 0 \quad (2\text{-}2)$$

式中，n 为基本杆组中的构件数；P_L 及 P_H 分别为基本杆组中的低副数和高副数。

在平面低副机构（即运动副全部为平面低副）中，式 (2-2) 变为

$$F = 3n - 2P_L = 0 \quad (2\text{-}3)$$

由于构件数和运动副数都必须是整数，故 n 应是 2 的倍数，而 P_L 应是 3 的倍数，它们的组合有 $n = 2$，$P_L = 3$；$n = 4$，$P_L = 6$ 等。可见，最简单的基本杆组是由 2 个构件和 3 个低副构成的，这种基本杆组称为 Ⅱ 级杆组；若基本杆组由 4 个构件和 6 个低副构成，则称其为 Ⅲ 级杆组。Ⅱ 级杆组是应用最多的基本杆组，绝大多数机构都是由 Ⅱ 级杆

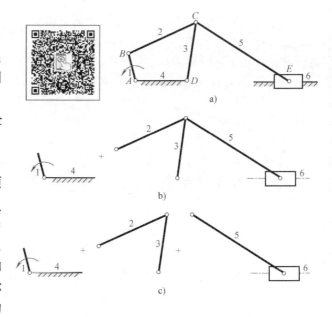

图 2-14　平面六杆机构

a) 机构运动简图　b) 原动件　c) 原动件和若干基本杆组

组构成的。若转动副用 R 表示，移动副用 P 表示，根据运动副排列的不同，Ⅱ 级杆组有 5 种类型，如图 2-15 所示。Ⅲ 级杆组的特征是具有一个三副构件，如图 2-16 所示。比 Ⅲ 级杆组更高级别的杆组在实际机构中较少应用。

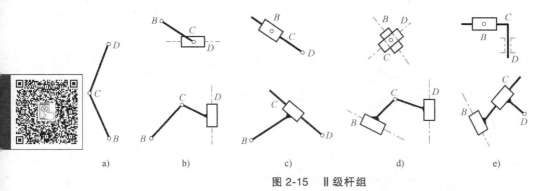

图 2-15　Ⅱ 级杆组

a) RRR 型　b) RRP 型　c) RPR 型　d) PRP 型　e) RPP 型

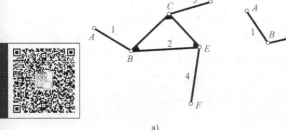
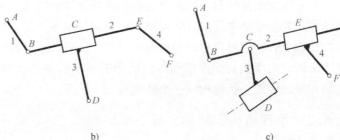

图 2-16　Ⅲ 级杆组

2.5.3　平面机构的结构分析

机构结构分析的目的是了解机构的组成，并确定机构的级别。机构的级别由组成该机构的杆组的最高级别决定。如果机构中最高级别的杆组为Ⅲ级，则该机构为Ⅲ级机构。

在对机构进行结构分析时，首先应正确计算机构的自由度（注意除去机构中的虚约束和局部自由度），并确定原动件。然后，从远离原动件的构件开始拆杆组。先试拆Ⅱ级杆组，若不成，再拆Ⅲ级杆组。每拆出一个杆组后，留下的部分仍应是一个与原机构有相同自由度的机构，直至全部杆组拆出只剩下原动件和机架为止。最后，确定机构的级别。

例如，对图 2-14 所示的平面六杆机构进行结构分析时，取构件 1 作为原动件，可依次拆出构件 2 和 3、构件 5 和 6 两个Ⅱ级杆组，最后剩下原动件 1 和机架。由于拆出的最高级别的杆组是Ⅱ级杆组，故该机构为Ⅱ级机构。

2.5.4　平面机构的高副低代

前面介绍的机构结构分析是假设机构中的运动副全部为低副的情况。如果机构中尚含有高副，则为了分析研究方便，可根据一定的条件先将机构中的高副虚拟地以平面低副代替，这种方法称为高副低代。

高副低代必须满足以下两个条件：

1）替代前后机构的自由度不变。

2）替代前后机构的瞬时速度与瞬时加速度不变。

从自由度不变的角度看，一个高副不可能仅用一个低副替代，一般需要虚拟地引入一个构件和两个低副，这样替代前后约束数仍为 1。从瞬时速度和瞬时加速度角度看，由于高副元素在不同的位置接触时，其曲率半径和曲率中心位置不同，因此就有不同的瞬时替代机构。例如，若两高副元素同为曲线，则在两高副元素的接触点处分别对应各自的曲率中心，可用一虚拟构件，并用两个转动副（位置分别对应两曲率中心）共同替代高副；若两高副元素之一为直线，则因直线的曲率中心趋于无穷远，故该点运动副替代为移动副；若两高副元素之一为点，因该点的曲率半径为零，故该接触点即为曲率中心，该点运动副替代为转动副。不同类型的高副低代方法见表 2-4。

表 2-4　不同类型的高副低代方法

高副元素	曲线和曲线	曲线和直线	曲线和点	直线和点
原含高副的机构				
瞬时替代机构				

习题与思考题

2-1 什么是构件、运动副及运动副元素？运动副是如何进行分类的？

2-2 机构运动简图有什么作用？如何绘制机构运动简图？

2-3 机构具有确定运动的条件是什么？

2-4 在计算平面机构的自由度时，应注意哪些事项？

2-5 图 2-17 所示为自卸货车自动翻转卸料机构，当液压缸 3 中的液压油推动活塞杆 4 时，车厢 1 便绕回转副中心 B 倾斜，当其达到一定角度时，物料就自动卸下。画出该机构的运动简图，并计算其自由度。

2-6 画出图 2-18 所示压力机偏心轮滑块机构的运动简图，并计算其自由度。

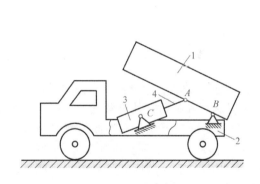

图 2-17 题 2-5 图

1—车厢 2—车身 3—液压缸 4—活塞杆

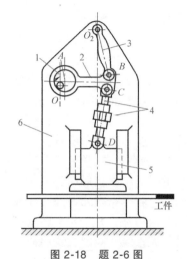

图 2-18 题 2-6 图

1—偏心轮 2、3、4—连杆 5—滑块 6—机架

2-7 图 2-19 所示为一简易压力机的初拟设计方案。设计思路是：动力由齿轮 1 输入，使轴 A 连续回转；而固装在轴 A 上的凸轮 2 与杠杆 3 组成的凸轮机构，将使冲头 4 上下运动以达到冲压的目的。试绘出该机构运动简图，并分析其是否能实现设计意图，如果不能则提出修改方案。

2-8 图 2-20 所示为一新型偏心轮滑阀式真空泵。偏心轮 1 绕固定轴心 A 转动，与外环 2 固连在一起的滑阀 3 在可绕固定轴心 C 转动的圆柱 4 中滑动。当偏心轮 1 按图示方向连续回转时，可将设备中的空气吸入并将其从排气阀 5 处排出，从而形成真空。试绘制该机构运动简图，并计算其自由度。

2-9 试计算图 2-21 所示各机构的自由度。

2-10 图 2-22 所示为一汽车减振悬架机构，该装置的输入是由从动轮传至连杆的。试说明该机构是否具有确定的运动。

2-11 图 2-23 所示为一制动机构。制动时操作杆由构件 1 向右拉，通过构件 2、3、4、5、6 使两闸瓦刹住车轮。试计算该机构的自由度，并就制动过程说明此机构自由度的变化情况。

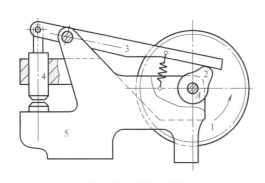

图 2-19　题 2-7 图

1—齿轮　2—凸轮　3—杠杆　4—冲头　5—机体

图 2-20　题 2-8 图

1—偏心轮　2—外环　3—滑阀　4—圆柱　5—排气阀　6—壳体

2-12　图 2-24 所示为一具有急回作用的压力机。绕固定轴心 A 转动的菱形盘 1 为原动件，它与滑块 2 在 B 点铰接，通过滑块 2 推动拨叉 3 绕固定轴心 C 转动，而拨叉 3 与圆盘 4 为同一构件，当圆盘 4 转动时，通过连杆 5 使冲头 6 实现冲压运动。试画出该机构的运动简图，并计算其自由度。

2-13　图 2-25 所示为一小型压力机。齿轮 1 与偏心轮 1′为同一构件，绕固定轴心 O 连续转动。在齿轮 5 上开有凸轮凹槽，摆杆 4 上的滚子 6 嵌在凹槽中，从而使摆杆 4 绕 C 轴上下摆

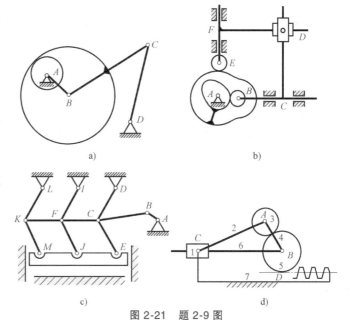

图 2-21　题 2-9 图

动。同时，又通过偏心轮 1′、连杆 2、滑杆 3 使 C 轴上下移动。最后，通过摆杆 4 叉槽中的滑块 7 和铰链 G 使冲头 8 实现冲压运动。试画出该机构的运动简图，并计算其自由度。

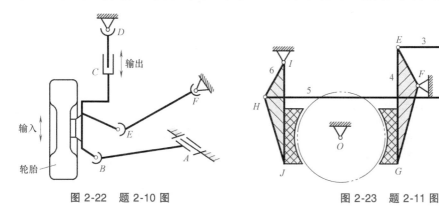

图 2-22　题 2-10 图

图 2-23　题 2-11 图

2-14　试绘制图 2-26 所示空间斜盘机构的机构运动简图（尺寸从图上量取），并计算其自由度。该机构中的主动件 1 做整周回转，通过斜盘 2 使滑杆 3 做往复直线运动。试问：若在滑杆上装上工具，则可对滑杆旁装夹的工件进行何种加工？

2-15　对图 2-27 所示各机构进行结构分析，说明其组成原理，并判断机构的级别和所含杆组的数目。对于图 2-27b 所示机构，当分别以构件 1、3、7 作为原动件时，机构的级别会有何变化？

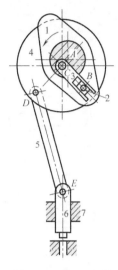

图 2-24　题 2-12 图

1—菱形盘　2—滑块　3—拨叉　4—圆盘
5—连杆　6—冲头　7—机架

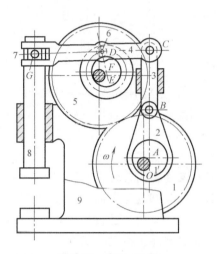

图 2-25　题 2-13 图

1—齿轮　1′—偏心轮　2—连杆　3—滑杆　4—摆杆
5—齿轮　6—滚子　7—滑块　8—冲头　9—机体

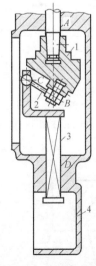

图 2-26　题 2-14 图

1—主动件　2—斜盘　3—滑杆　4—机体

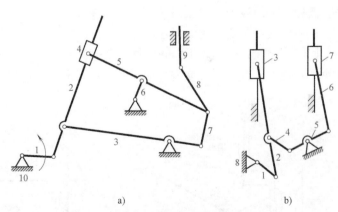

a)　　　　　　　　　b)

图 2-27　题 2-15 图

第 3 章

平面机构的运动分析

📌 3.1 机构运动分析的任务、目的和方法

机构运动分析的任务是在已知机构尺寸及原动件运动规律的情况下，确定机构中其他构件上某些点的轨迹、位移、速度、加速度，以及构件的角位移、角速度及角加速度。轨迹、位移分析的目的是确定构件运动所需空间，判断构件运动时是否会发生干涉；速度分析的目的是确定从动件的运动速度是否符合要求，并为进一步做机构加速度分析提供数据；加速度分析的目的是为惯性力计算提供依据，这在高速或重型机械等惯性力较大的机械设计中非常有必要。

机构运动分析方法很多，主要有图解法和解析法。图解法比较方便，可简捷、直观地了解机构的某个或某几个位置的运动特性，但精度较低。解析法因为利用了计算机的计算及绘图功能而具有很高的计算精度，既能获得机构在整个运动循环过程中的运动特性，又能绘出机构运动简图，还可以把机构分析和机构综合问题联系起来，以便对于机构进行优化设计。

本章将介绍平面机构运动分析的图解法和解析法。其中，机构速度分析的图解法包括速度瞬心法和矢量方程图解法两种。但速度瞬心法不能用于机构加速度分析，因此，机构加速度分析的图解法仅介绍矢量方程图解法。

📌 3.2 速度瞬心法及其应用

3.2.1 速度瞬心及其位置的确定

由理论力学可知，互相做平面相对运动的两构件上瞬时速度相等的重合点，称为两构件的速度瞬心，简称瞬心。常用符号 P_{ij} 表示构件 i 和构件 j 间的瞬心。瞬心代表两构件在某瞬时绝对速度相等（包括大小和方向）、相对速度为零的点。若瞬心处的绝对速度为零，则该瞬心称为绝对瞬心；若瞬心处的绝对速度不为零，则称其为相对瞬心。

因为机构中任意两个构件间就有一个瞬心，故由 N 个构件（包括机架）组成的机构，其瞬心总数 K 应为

$$K = \frac{N(N-1)}{2} \tag{3-1}$$

机构中各瞬心位置的确定方法如下。

1. 通过运动副直接相连的两构件可根据瞬心的定义确定瞬心位置

通过运动副直接相连的两构件可分为四种情况并根据瞬心的定义分别进行分析。以转动副相连接的两构件的瞬心在转动副的中心处（图3-1a）；以移动副相连接的两构件，因两构件上任一点的相对移动速度方向均相互平行，故两构件的瞬心位于垂直于导路方向的无穷远处（图3-1b）；当以平面高副相连接的两构件做纯滚动时，其瞬心在接触点处（图3-1c）；当以平面高副相连接的两构件做滚动兼滑动时，其瞬心在过接触点的公法线 nn 上（图3-1d），具体位置需要由其他条件共同确定。

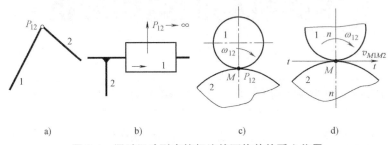

图 3-1　通过运动副直接相连的两构件的瞬心位置

a）转动副　b）移动副　c）纯滚动的高副　d）滚动兼滑动的高副

2. 不通过运动副直接相连的两构件可借助三心定理确定瞬心的位置

对于不通过运动副直接相连的两构件间的瞬心位置，可借助三心定理来确定。三心定理指出：彼此做平面相对运动的三个构件有三个瞬心，它们必位于同一直线上。

用反证法可以证明三心定理的成立，本书不再证明。

在图 3-2 所示的平面铰链四杆机构中，瞬心 P_{12}、P_{23}、P_{34}、P_{14} 的位置可根据瞬心定义来确定。而其余两瞬心 P_{13}、P_{24} 则应根据三心定理来确定。以求 P_{13} 为例：对构件 1、2、3 来说，P_{13} 应与 P_{12}、P_{23} 在同一直线上，而对于构件 1、4、3 来说，P_{13} 应与 P_{14}、P_{34} 在同一直线上，故上述两直线的交点即为瞬心 P_{13}。类似的，可求得瞬心 P_{24}。

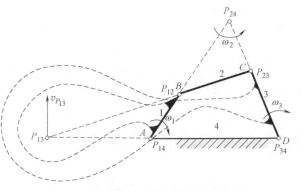

图 3-2　平面铰链四杆机构瞬心法分析

图中的 6 个瞬心中，P_{14}、P_{24}、P_{34} 为绝对瞬心。

3.2.2　利用速度瞬心法进行机构的速度分析

利用速度瞬心法可求机构中构件上的角速度及某点的线速度。

假设已知图 3-2 所示机构中各构件的尺寸，以及原动件 1 的角速度 ω_1。试求在图示位置时从动件 2 和 3 的角速度及 C 点的速度。

因为 P_{13} 为构件 1、3 的瞬心，故有

$$\omega_1 \overline{P_{13}P_{14}}\mu_l = \omega_3 \overline{P_{13}P_{34}}\mu_l \tag{3-2}$$

式中，μ_l 为机构的长度比例尺，它是构件的真实长度与图示长度之比，单位为 m/mm。

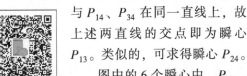

由式（3-2）可得　　　$\omega_3 = \omega_1 \dfrac{\overline{P_{13}P_{14}}}{\overline{P_{13}P_{34}}}$　或　$\dfrac{\omega_1}{\omega_3} = \dfrac{\overline{P_{13}P_{34}}}{\overline{P_{13}P_{14}}}$ （3-3）

式中，ω_1/ω_3 为机构中原动件 1 与从动件 3 的瞬时角速度之比，常称为机构的传动比。

由式（3-3）可见，该传动比等于两构件的绝对瞬心 P_{14}、P_{34} 与其相对瞬心 P_{13} 之间距离的反比。

从动件 2 的角速度有　　　$\omega_2 = \dfrac{v_B}{\overline{P_{12}P_{24}}\mu_l} = \dfrac{v_C}{\overline{P_{23}P_{24}}\mu_l}$

C 点的速度大小为 $v_C = \omega_3 \overline{P_{23}P_{34}}\mu_l = \omega_2 \overline{P_{23}P_{24}}\mu_l$，根据 ω_3 的方向可知，C 点的速度方向垂直于 $P_{23}P_{34}$ 指向右上方。

3.3　用矢量方程图解法做机构的速度及加速度分析

利用瞬心法对机构进行速度分析虽较简便，但速度瞬心法不能用于机构的加速度分析，通常应用矢量方程图解法对机构做速度和加速度分析。下面结合两个例子说明矢量方程图解法的基本原理和方法。

3.3.1　同一构件上两点间速度及加速度的图解分析

例 3-1　如图 3-3 所示的铰链四杆机构，已知各杆尺寸，原动件 1 以 ω_1 匀速转动，试用矢量方程图解法求构件 2、3 的角速度 ω_2、ω_3 和角加速度 α_2、α_3，以及 C 点、E 点的速度 v_C、v_E 和加速度 a_C、a_E。

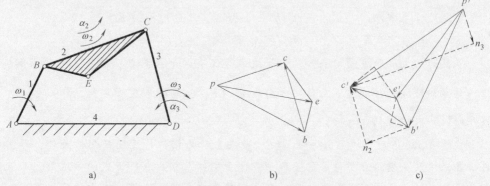

图 3-3　同一构件上两点间的矢量方程图解法运动分析

解　（1）速度分析

1）以长度比例尺 μ_l（单位为 m/mm）画机构简图。

2）列矢量方程。由运动合成原理可知，连杆 BC 上任一点的运动等于该点随基点 B 做牵连平动和绕基点 B 做相对转动的运动合成，故点 C 的速度 $\boldsymbol{v}_C$ 为

$$\begin{array}{cccc} & \boldsymbol{v}_C & = & \boldsymbol{v}_B & + & \boldsymbol{v}_{CB} \\ \text{方向} & \perp CD & & \perp AB & & \perp BC \\ \text{大小} & ? & & \omega_1 l_{AB} & & ? \end{array}$$

式中，v_{CB} 为 C 点绕 B 点相对转动的速度。由于仅 v_C 和 v_{CB} 的大小未知，故可用图解法求解。

3）任选一点 p 作为速度极点，以速度比例尺 μ_v [单位为（m/s）/mm] 画速度矢量多边形（图 3-3b）。其中，速度极点 p 代表机构中构件上的速度为零的点。连接 p 与任一点得到矢量，该矢量表示该点在机构图中同名点的绝对速度，方向由 p 指向该点。例如，v_B 的方向用矢量 $\overrightarrow{pb}$ 表示，$\overrightarrow{pb} \perp AB$，其指向与 ω_1 的转向相对应，大小为 $\overrightarrow{pb} = v_B/\mu_v$。类似地，可作方向线 $\overrightarrow{pc}$ 表示 v_C 的方向，但此时尚不知 $\overrightarrow{pc}$ 长度。

4）机构图中任意两点的相对速度可用速度矢量多边形中同名两点的矢量表示，即在矢量多边形图中 v_{CB} 用矢量 $\overrightarrow{bc}$ 表示。在本例中，仅知 v_{CB} 的方向，因此作方向线 $\overrightarrow{bc}$。根据矢量方程，方向线 $\overrightarrow{bc}$、$\overrightarrow{pc}$ 相交于 c 点，由此可知 $v_C = \mu_v \overrightarrow{pc}$，$v_{CB} = \mu_v \overrightarrow{bc}$。

应当注意，速度矢量多边形中的矢量方向和速度下角标字母顺序相反，例如，矢量 $\overrightarrow{bc}$ 代表 v_{CB} 而不是 v_{BC}。

5）对于平面运动构件的角速度，可利用该构件上任意两点的相对速度求出。根据速度矢量多边形，v_C 的方向为垂直 CD 指向右上，v_{CB} 的方向为垂直于 BC 指向左上，将代表 v_C 的矢量 $\overrightarrow{pc}$ 和代表 v_{CB} 的矢量 $\overrightarrow{bc}$ 分别平移到机构图上的 C 点可知，ω_2 为逆时针方向、ω_3 为顺时针方向，大小分别为 $\omega_2 = v_{CB}/l_{CB}$、$\omega_3 = v_C/l_{CD}$。

6）用类似的方法可求 E 点的速度。列 E 点的速度矢量方程

$$v_E = v_B + v_{EB} = v_C + v_{EC}$$

方向	?	$\perp AB$	$\perp BE$	$\perp CD$	$\perp CE$
大小	?	$\omega_1 l_{AB}$	?	$\omega_3 l_{CD}$	?

虽然 v_E 的大小和方向均未知，但等式右边仅有两个未知数，故可图解法求解。过 b 点作的方向线 $\overrightarrow{be} \perp BE$，过 c 点作的方向线 $\overrightarrow{ce} \perp CE$，$\overrightarrow{ce}$ 与 $\overrightarrow{be}$ 相交于 e 点。作矢量 $\overrightarrow{pe}$ 即代表速度 v_E，其大小为 $v_E = \mu_v \overrightarrow{pe}$。

由图 3-3a、b 可知，$\triangle bce \backsim \triangle BCE$，此关系称为相似性原理或影像原理，即同一构件上各点速度矢量终点所形成的多边形相似于构件上相应点所形成的多边形，而且两个相似多边形顶点上的字母绕行方向一致。利用速度影像原理可以很方便地根据同一构件上两个已知点的速度求出该构件上其他点的速度。注意：影像原理只适合应用于同一构件上，而不适用于整个机构。

（2）加速度分析 矢量方程图解法的速度分析方法可类似地应用于加速度分析。

1）列机构图的加速度矢量方程

$$a_C = a_B + a_{CB}$$

上式中的加速度分别以加速度切向和法向的分量形式来表示，且 ω_1 为常数，故 B 点的切向加速度 $a_B^t = 0$。将上式改写为

$$\begin{array}{cccccc} \boldsymbol{a}_C^n & + & \boldsymbol{a}_C^t & = & \boldsymbol{a}_B^n & + & \boldsymbol{a}_{CB}^n & + & \boldsymbol{a}_{CB}^t \end{array}$$

方向　C 指向 D　$\perp CD$　B 指向 A　C 指向 B　$\perp BC$

大小　$\omega_3^2 l_{CD}$　?　$\omega_1^2 l_{AB}$　$\omega_2^2 l_{BC}$　?

2）任选一点 p' 作为加速度极点，以加速度比例尺 μ_a ［单位为 $(\mathrm{m/s^2})/\mathrm{mm}$］画加速度矢量多边形（图 3-3c）。其中，加速度极点 p' 代表机构中构件上的加速度为零的点，连接 p' 到任一点的矢量表示该点在机构图中同名点的绝对加速度，其方向由 p 指向该点。连接 b'、c'、e'、其中任意两点的矢量代表该两点在机构图中同名点间的相对加速度，其指向与加速度下角标顺序相反，如矢量 $\overrightarrow{b'c'}$ 代表 $\boldsymbol{a}_{CB}$ 而不是 $\boldsymbol{a}_{BC}$。此外，代表切向加速度和法向加速度的矢量建议用虚线表示，如 $\overrightarrow{n_3c'}$ 代表 $\boldsymbol{a}_C^t$、$\overrightarrow{n_2c'}$ 代表 $\boldsymbol{a}_{CB}^t$。

3）构件 3 的角加速度 $\boldsymbol{\alpha}_3 = a_C^t/l_{CD}$，由 $\overrightarrow{n_3c'}$ 的指向可知 $\boldsymbol{\alpha}_3$ 为逆时针方向；构件 2 的角加速度 $\boldsymbol{\alpha}_2 = a_{CB}^t/l_{CB}$，由 $\overrightarrow{n_2c'}$ 的指向可知 $\boldsymbol{\alpha}_2$ 为逆时针方向。

4）求 $\boldsymbol{a}_E$。仿照求 E 点的速度的方法求解 $\boldsymbol{a}_E$，结果会发现加速度也存在和速度相似的影像原理。因此，当已知同一构件上两点的加速度时，即可通过影像原理求得该构件上其他各点的加速度。矢量 $\overrightarrow{p'e'}$ 即代表 $\boldsymbol{a}_E$，其大小为 $a_E = \mu_a \overline{p'e'}$。

3.3.2　两构件重合点间速度及加速度的图解分析

例 3-2　如图 3-4 所示的导杆机构，已知各杆尺寸，原动件 1 以 ω_1 匀速转动，试用矢量方程图解法求该机构中构件 3 的角速度 ω_3 和角加速度 $\boldsymbol{\alpha}_3$，以及构件 3 上 B 点的速度 $\boldsymbol{v}_{B_3}$ 和加速度 $\boldsymbol{a}_{B_3}$。

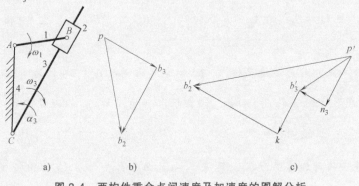

图 3-4　两构件重合点间速度及加速度的图解分析

解　（1）速度分析

1）以比例尺 μ_l（单位为 m/mm）画机构简图。

2）列矢量方程。导杆机构的运动分析属于两构件重合点的运动分析问题。由运动合成原理可知，B 点是构件 2 上的 B_2 点与构件 3 上的 B_3 点的重合点，构件 2 上 B 点的运动可以认为是随着导杆 3 的转动同时沿导杆相对移动的复合运动。由此，B_2 点的绝对速度等于它的牵连运动和相对运动的矢量和，即

$$
\begin{array}{cccc}
\boldsymbol{v}_{B_2} &=& \boldsymbol{v}_{B_3} &+& \boldsymbol{v}_{B_2B_3} \\
\end{array}
$$

方向　　⊥AB　　⊥BC　　//BC

大小　　$\omega_1 l_{AB}$　　?　　?

式中，$\boldsymbol{v}_{B_3}$ 是构件 3 上 B_3 点的牵连速度，$\boldsymbol{v}_{B_2B_3}$ 是 B_2 点相对于 B_3 点的相对速度，它的方向与导杆平行。

3）任选一点 p 作为速度极点，以速度比例尺 μ_v ［单位为（m/s)/mm］画速度矢量多边形（图 3-4b），可得 $v_{B_3}=\mu_v\,\overrightarrow{pb_3}$、$v_{B_2B_3}=\mu_v\,\overrightarrow{b_3b_2}$，且由矢量 $\overrightarrow{b_3b_2}$ 的指向可知构件 2 相对构件 3 向左下方向移动。

4）构件 2 随构件 3 转动，因此 $\omega_2=\omega_3=v_{B_3}/l_{BC}$，由矢量 $\overrightarrow{pb_3}$ 的指向可知 ω_3 为顺时针方向。

(2) 加速度分析

1）列矢量方程。同样根据点的运动合成原理来求解，但应注意，此时动点 B_2 的瞬时绝对加速度 a_{B_2} 等于相对加速度 $a^r_{B_2B_3}$、牵连加速度 a_{B_3} 与科氏加速度 $a^k_{B_2B_3}$ 三者的矢量和，即

$$a_{B_2}=a_{B_3}+a^r_{B_2B_3}+a^k_{B_2B_3}$$

式中，$a^k_{B_2B_3}$ 为科氏加速度，且 $a^k_{B_2B_3}=2\omega_3\times v_{B_2B_3}$，其方向为将相对速度 $v_{B_2B_3}$ 的矢量箭头绕箭尾沿牵连角速度 ω_3 的方向转 90°。将上式改写为

$$
a^n_{B_2} = a^n_{B_3} + a^t_{B_3} + a^r_{B_2B_3} + a^k_{B_2B_3}
$$

方向　B 指向 A　　B 指向 C　　⊥BC　　//BC　　⊥BC 指向左

大小　$\omega_1^2 l_{AB}$　　$\omega_3^2 l_{BC}$　　?　　?　　$2\omega_3 v_{B_2B_3}$

2）任选一点 p' 作为加速度极点，以加速度比例尺 μ_a ［单位为（m/s²)/mm］画加速度矢量多边形（图 3-4c）。其中，代表科氏加速度 $a^k_{B_2B_3}$ 的矢量为 $\overrightarrow{kb_2'}$，$a_{B_3}=\mu_a\,\overrightarrow{p'b_3'}$，$a^t_{B_3}=\mu_a\,\overrightarrow{n_3b_3'}$，$a^r_{B_2B_3}=\mu_a\,\overrightarrow{b_3'k}$。

3）构件 3 的角加速度为 α_3，其值 $\alpha_2=\alpha_3=a^t_{B_3}/l_{BC}$，由 $\overrightarrow{n_3b_3'}$ 的指向可知 α_3 为逆时针方向。

3.3.3　Ⅲ级机构的运动分析

以上两个例子是典型的Ⅱ级机构。类似地，用矢量方程图解法也可以进行Ⅲ级机构的运动分析。但在解题时需要将其转化为Ⅱ级机构，即重新选择机构中的其他构件作为原动件，使Ⅲ级机构转化为Ⅱ级机构。由于机构中各构件的相对运动关系没有发生变化，于是可用分析Ⅱ级机构的方法来分析Ⅲ级机构。

3.4　用解析法做机构的运动分析

用解析法做机构的运动分析时，应首先建立机构的位置方程式，然后将位置方程式对时间求一阶和二阶导数，即可求得机构的速度和加速度方程，进而解出所需位移、速度及加速度，完成机构的运动分析。由于在建立和推导机构的位置、速度和加速度方程时所采用的数学工具不同，因此解析法有很多种。本书将介绍一种便于用计算机计算求解的方法——复数矢量法。复数矢量法利用复数运算十分简便的优点，不仅可对任何机构包括较复杂的连杆机构进行运动分析和动力分析，而且可用来进行机构的综合，并可利用计算机进行求解。

3.4.1　平面矢量的复数极坐标表示法

1. 平面矢量的复数极坐标

若用复数表示平面矢量 r，则

$$r = r_x + \mathrm{i}r_y$$

式中，r_x 和 r_y 分别为复数矢量的实部和虚部，如图 3-5 所示。

矢量 r 还可写为

$$r = r(\cos\varphi + \mathrm{i}\sin\varphi)$$

式中，φ 称为幅角，由 x 轴的正向起逆时针为正，顺时针为负；$r = |r|$，是矢量的模。利用欧拉公式

$$\mathrm{e}^{\mathrm{i}\varphi} = r(\cos\varphi + \mathrm{i}\sin\varphi)$$

可将矢量表示为极坐标形式 $r = r\mathrm{e}^{\mathrm{i}\varphi}$。式中 $\mathrm{e}^{\mathrm{i}\varphi}$ 是一个单位矢量，它表示矢量的方向。

$$|\mathrm{e}^{\mathrm{i}\varphi}| = \sqrt{\cos^2\varphi + \sin^2\varphi} = 1 \qquad (3\text{-}4)$$

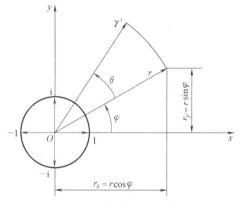

图 3-5　矢量的复数极坐标表示

即 $\mathrm{e}^{\mathrm{i}\varphi}$ 表示一个以原点为圆心、以 1 为半径的圆周上的点。

将 $\varphi = 0$、$\pi/2$、π、$3\pi/2$ 分别代入式（3-4），则得到与坐标轴重合的 4 个单位矢量，如图 3-5 所示。

2. 矢量的旋转

单位矢量 $\mathrm{e}^{\mathrm{i}\theta}$ 乘以矢量 $r = r\mathrm{e}^{\mathrm{i}\varphi}$ 可得一个新的矢量 r'

$$r' = r\mathrm{e}^{\mathrm{i}\phi}\mathrm{e}^{\mathrm{i}\theta} = r\mathrm{e}^{\mathrm{i}(\varphi+\theta)}$$

由此可知，若 $\mathrm{e}^{\mathrm{i}\theta}$ 乘以矢量 r，相当于把矢量 r 绕原点沿逆时针方向旋转了 θ 角。表 3-1 列出了单位矢量 $\mathrm{e}^{\mathrm{i}\varphi}$ 旋转的几种特殊情况。

表 3-1　单位矢量旋转的几种特殊情况

被乘数	结果	作用
i	$\mathrm{i} \cdot \mathrm{e}^{\mathrm{i}\varphi} = \mathrm{e}^{\mathrm{i}(\varphi+\pi/2)}$	相当于矢量沿逆时针方向转过 $\pi/2$ 角
i^2	$\mathrm{i}^2 \cdot \mathrm{e}^{\mathrm{i}\varphi} = -\mathrm{e}^{\mathrm{i}\varphi} = \mathrm{e}^{\mathrm{i}(\varphi+\pi)}$	相当于矢量沿逆时针方向转过 π 角
i^3	$\mathrm{i}^3 \cdot \mathrm{e}^{\mathrm{i}\varphi} = -\mathrm{i}\mathrm{e}^{\mathrm{i}\varphi} = \mathrm{e}^{\mathrm{i}(\varphi+3\pi/2)}$	相当于矢量沿逆时针方向转过 $3\pi/2$ 角

因 $e^{i\varphi} \cdot e^{-i\varphi} = 1$，故 $e^{-i\varphi}$ 是 $e^{i\varphi}$ 的共轭复数。

3. 矢量的微分

设 $r = re^{i\varphi}$，则其对时间的一阶导数为

$$\frac{dr}{dt} = v_r e^{i\varphi} + r\omega e^{i(\varphi + \pi/2)}$$

式中，v_r 是矢量大小的变化率（相对速度）；ω 是角速度；$r\omega$ 是线速度。

对时间的二阶导数为

$$\frac{d^2 r}{dt^2} = \alpha_r e^{i\varphi} + 2v_r e^{i(\varphi + \pi/2)} + r\omega^2 e^{i(\varphi + \pi)} + r\alpha e^{i(\varphi + \pi/2)}$$

式中，α 是角加速度。

3.4.2 平面机构运动分析的复数矢量法

1. 复数矢量法的步骤

用复数矢量法做机构运动分析的步骤为：

1）选定直角坐标系。

2）选取各杆的矢量方向与位置角，画出封闭矢量多边形。

3）根据封闭矢量多边形列出复数极坐标形式的矢量方程式，即位移方程式。

4）由位移方程式两边的实部和虚部分别相等，解出所求位移参量的解析表达式。

5）将位移方程对时间求一阶导数和二阶导数，分别得到速度方程和加速度方程；解这些方程得到所求速度和角速度、加速度和角加速度的解析表达式。

在选取各杆的矢量方向及位置角时，对于通过铰链与机架连接的构件，建议其矢量方向为由固定铰链指向外部，因为这样便于标出位置角。位置角的正负，规定以 x 轴的正向为基准，沿逆时针方向转至所讨论矢量的位置角为正，反之为负。

2. 复数矢量法在曲柄滑块机构运动分析中的应用

现以曲柄滑块机构（该机构将在第 6 章中介绍）为例说明复数矢量法的基本做法。

如图 3-6 所示的曲柄滑块机构，已知曲柄的长度 l_{AB}、连杆的长度 l_{BC}、偏距 e 以及原动件 AB 的位置角 φ_1 和等角速度 ω_1，对该机构进行位移、速度和加速度分析。

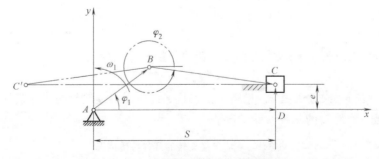

图 3-6　曲柄滑块机构的运动分析

（1）位移分析　取直角坐标系、机构中各杆的矢量方向和位置角如图 3-6 所示，由封闭矢量多边形 $ABCD$ 可得矢量方程

$$AB + BC = AD + DC$$

其复数形式为

$$l_{AB}e^{i\varphi_1}+l_{BC}e^{i\varphi_2}=Se^{i0}+l_{DC}e^{i\pi/2} \tag{3-5}$$

由式（3-5）的实部和虚部分别相等可得

$$l_{AB}\cos\varphi_1+l_{BC}\cos\varphi_2=S \tag{3-6}$$

$$l_{AB}\sin\varphi_1+l_{BC}\sin\varphi_2=e \tag{3-7}$$

由式（3-6）和式（3-7）消去转角 φ_2，因为

$$l_{BC}^2=(S-l_{AB}\cos\varphi_1)^2+(e-l_{AB}\sin\varphi_1)^2 \tag{3-8}$$

故有

$$S=l_{AB}\cos\varphi_1+M\sqrt{l_{BC}^2-e^2-l_{AB}^2\sin^2\varphi_1+2l_{AB}e\sin\varphi_1} \tag{3-9}$$

式中，$M=\pm1$，应按所给机构的装配方案进行选取。

在图3-6中，实线位置的 BC 相当于 $M=1$ 的情况，而双点画线位置的 BC' 则与 $M=-1$ 相对应。

滑块的位置参数 S 确定后，对应于一组 φ_1、S 值，可由式（3-6）和式（3-7）得到连杆的位置角 φ_2，即

$$\varphi_2=\arctan\frac{e-l_{AB}\sin\varphi_1}{S-l_{AB}\cos\varphi_1} \tag{3-10}$$

（2）速度分析　将式（3-5）对时间求导可得

$$l_{AB}\omega_1e^{i(\varphi_1+\pi/2)}+l_{BC}\omega_2e^{i(\varphi_2+\pi/2)}=\dot{S} \tag{3-11}$$

方向	$e^{i(\varphi_1+\pi/2)}$	$e^{i(\varphi_2+\pi/2)}$	$/\!/x$ 轴
大小	$l_{AB}\omega_1$	$l_{BC}\omega_2$	$\dot{S}$
意义	$\boldsymbol{v}_B$ +	$\boldsymbol{v}_{CB}$ =	$\boldsymbol{v}_C$

由式（3-11）的实部和虚部分别相等可得

$$-l_{AB}\omega_1\sin\varphi_1-l_{BC}\omega_2\sin\varphi_2=\dot{S} \tag{3-12}$$

$$l_{AB}\omega_1\cos\varphi_1+l_{BC}\omega_2\cos\varphi_2=0 \tag{3-13}$$

由式（3-13）可得连杆的角速度

$$\omega_2=\frac{-l_{AB}\omega_1\cos\varphi_1}{l_{BC}\cos\varphi_2} \tag{3-14}$$

将 ω_2 代入式（3-12）可求得滑块的速度 $\boldsymbol{v}_C=\dot{S}$。

（3）加速度分析　将式（3-11）对时间求导可得

$$l_{AB}\omega_1^2e^{i(\varphi_1+\pi)}+l_{BC}\omega_2^2e^{i(\varphi_2+\pi)}+l_{BC}\alpha_2e^{i(\varphi_2+\pi/2)}=\ddot{S} \tag{3-15}$$

方向	$e^{i(\varphi_1+\pi)}$	$e^{i(\varphi_2+\pi)}$	$e^{i(\varphi_2+\pi/2)}$	$/\!/x$ 轴
大小	$l_{AB}\omega_1^2$	$l_{BC}\omega_2^2$	$l_{BC}\alpha_2$	$\ddot{S}$
意义	$\boldsymbol{a}_B^n$ +	$\boldsymbol{a}_{CB}^n$ +	$\boldsymbol{a}_{CB}^t$	$=\boldsymbol{a}_C$

由式（3-15）的实部和虚部分别相等可得

$$\boldsymbol{a}_C=\ddot{S}=-l_{AB}\omega_1^2\cos\varphi_1-l_{BC}(\omega_2^2\cos\varphi_2+\alpha_2\sin\varphi_2) \tag{3-16}$$

$$-l_{AB}\omega_1^2\sin\varphi_1-l_{BC}\omega_2^2\sin\varphi_2+l_{BC}\alpha_2\cos\varphi_2=0 \tag{3-17}$$

由式（3-17）可得连杆的角加速度为

$$\alpha_2 = \frac{l_{AB}\omega_1^2 \sin\varphi_1}{l_{BC}\cos\varphi_2} + \tan\varphi_2 \omega_2^2 \tag{3-18}$$

将 α_2 代入式（3-16）可求得滑块的加速度 a_C。

以上建立了曲柄滑块机构运动分析数学模型，其计算框图不再讨论。

习题与思考题

3-1　机构运动分析的任务和目的是什么？

3-2　瞬心法一般适用于什么场合？能否用速度瞬心法对机构进行加速度分析？什么是速度瞬心？机构瞬心的数目如何确定？相对瞬心和绝对瞬心的区别是什么？对于直接组成运动副的构件，其瞬心位置如何确定？

3-3　什么是三心定理？哪些情况下需要运用三心定理求瞬心？

3-4　速度矢量多边形及加速度矢量多边形各有什么特点？

3-5　什么是影像原理？使用影像原理时要注意什么问题？机构中机架的速度影像点及加速度影像点各在何处？速度影像原理和加速度影像原理是否可以扩展到同一构件上若干个点组成的任意边数的多边形？

3-6　科氏加速度的存在条件是什么？其大小和方向如何确定？

3-7　试求图3-7所示各机构在图示位置时全部瞬心的位置。

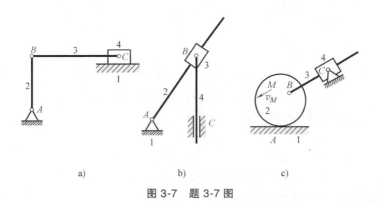

a)　　　　　　　b)　　　　　　　c)

图3-7　题3-7图

3-8　在图3-8所示的齿轮—连杆组合机构中，试用瞬心法求齿轮1与3的传动比 ω_1/ω_3。

3-9　在图3-9所示的四杆机构中，$l_{AB}=60$mm，$l_{CD}=90$mm，$l_{AD}=l_{BC}=120$mm，$\omega_2=10$rad/s，试用瞬心法求：

（1）当 $\varphi=165°$ 时，点 C 的速度 $\boldsymbol{v}_C$。

（2）当 $\varphi=165°$ 时，构件3的 BC 线上（或其延长线上）速度最小的一点 E 的位置及其速度的大小。

（3）当 $\boldsymbol{v}_C=0$ 时，φ 角的值（有两个解）。

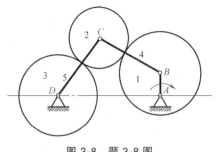

图 3-8 题 3-8 图

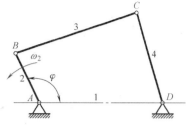

图 3-9 题 3-9 图

3-10 在图 3-10 所示各机构中，设已知各构件的尺寸，原动件 1 以等角速度 ω_1 沿顺时针方向转动，试用图解法求机构在图示位置时构件 3 上 C 点的速度及加速度。

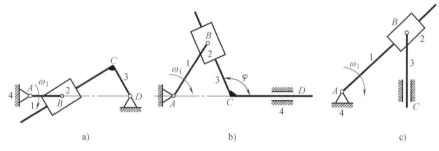

a) b) c)

图 3-10 题 3-10 图

3-11 在图 3-11 所示两机构中，已知原动件角速度 $\omega_1 = 10\text{rad/s}$，长度比例尺 $\mu_l = 0.01\text{m/mm}$（长度在图上量取）。试分别用瞬心法和图解法求构件 3 上 D 点的速度。

3-12 在图 3-12 所示的摇块机构中，已知 $l_{AB} = 30\text{mm}$，$l_{AC} = 100\text{mm}$，$l_{BD} = 50\text{mm}$，$l_{DE} = 40\text{mm}$，曲柄以角速度 $\omega_1 = 10\text{rad/s}$ 回转。试用图解法或解析法求解机构在 $\varphi_1 = 45°$ 位置时，点 D 和点 E 的速度和加速度，以及构件 2 的角速度和角加速度。

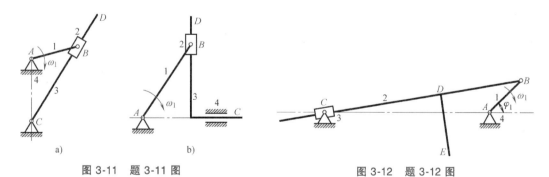

a) b)

图 3-11 题 3-11 图

图 3-12 题 3-12 图

3-13 在图 3-13 所示的机构中，已知 $l_{AE} = 70\text{mm}$，$l_{AB} = 40\text{mm}$，$l_{EF} = 60\text{mm}$，$l_{DE} = 35\text{mm}$，$l_{CD} = 75\text{mm}$，$l_{BC} = 50\text{mm}$，原动件以角速度 $\omega_1 = 10\text{rad/s}$ 回转。试用图解法或解析法求解在 $\varphi_1 = 50°$ 位置时，点 C 的速度和加速度。

3-14 在图 3-14 所示的凸轮机构中，已知凸轮 1 以等角速度 $\omega_1 = 10\text{ard/s}$ 转动，凸轮为一偏心圆，其半径 $r = 25\text{mm}$，$l_{AB} = 15\text{mm}$、$l_{AD} = 50\text{mm}$，$\varphi_1 = 90°$。试用图解法或解析法求解构件 2 的角速度和角加速度。

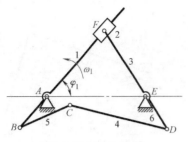

图 3-13   题 3-13 图

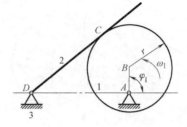

图 3-14   题 3-14 图

第4章

平面机构的力分析

🔧 4.1 力分析的基本知识

4.1.1 作用在机械上的力

机械在运动过程中，组成机构的各个构件都受到力的作用。作用在构件上的力可分为驱动力和阻抗力。

1. 驱动力

驱动机械运动的力称为驱动力。驱动力方向与其作用点的速度方向相同或成锐角。类似地，与构件角速度方向一致的力矩称为驱动力矩。驱动力或驱动力矩所做的功为正值，通常称为输入功或驱动功。

2. 阻抗力

阻止机械运动的力称为阻抗力。阻抗力方向与其作用点的速度方向相反或成钝角。类似地，与构件角速度方向相反的力矩称为阻抗力矩。阻抗力或阻抗力矩所做的功为负值，称为阻抗功。阻抗力又可分为有效阻力和有害阻力两种。

有效阻力又称为工作阻力，是与生产直接相关的阻力。例如，机床的切削阻力、起重机吊起重物的重力等都是有效阻力。克服有效阻力所做的功称为有效功或输出功。

有害阻力是阻力中除有效阻力外的无效部分，其所做的功称为损耗功，损耗功对生产不仅无用而且有害，如摩擦力、介质阻力等。需要指出的是，摩擦力通常是一种有害阻力，但在有些情况下也可以看成是有效阻力，甚至是驱动力。例如，在带传动和摩擦传动中，就是靠摩擦力来传递动力的。

对于重力，当重心下降时，它是驱动力；反之，当重心上升时，它则是阻力。

对于机械运动中的惯性力，可以虚拟地把它看作加在机构上的外力。当机构加速运动时，惯性力是阻力；反之，当机构减速运动时，惯性力则是驱动力。在机械正常工作的一个运动循环中，重力和惯性力所做的功为零。

对于运动副的反力，就整个机械来说是内力，而对于一个构件来说则是外力。

4.1.2 机构力分析的目的

机构力分析的目的主要有两个方面。一是确定运动副的约束力，即运动副两元素接触处彼此间的作用力。这些力的大小直接影响到机构的强度、运动副中的摩擦及磨损、机械的效率的确定，以及机械的动力性能研究等一系列问题。二是确定机械上的平衡力。所谓平衡力，是指机械在已知外力作用下，为了使该机构能按给定的运动规律运动，必须加在机械上的未知外力。这对于确定机械工作时所需的最小驱动功率或所能承受的最大生产载荷都是必不可少的。

4.1.3 机构力分析的方法

在对机械进行力分析时，对于低速机械，因其惯性力小，故常略去不计。不计惯性力时的受力分析称为静力分析。但对于高速及重型机械，因其惯性力很大，有时甚至常常超过其他外力，故惯性力不能忽略。计及惯性力，并将惯性力视为一般外力加于相应构件上，此时进行的受力分析称为动态静力分析。动态静力分析常按以下步骤进行：

1）由运动分析求出运动副和构件质心处的位置、速度、加速度以及各构件的角速度和角加速度。

2）已知或估算机构结构及各构件的尺寸、质量、转动惯量以及质心的位置，计算各构件的惯性力并加于构件的相应位置上。

3）将机构从力分析起始件开始按杆组进行拆分。

4）逐渐对各个杆组进行动态静力分析，求出各运动副的约束力。

5）由机构或构件的力平衡原理，在已知条件的基础上，求出机构的平衡力（或平衡力矩）。平衡力（或平衡力矩）作用在原动件上就是驱动力（或驱动力矩），作用在从动件上则是阻抗力（或阻抗力矩）。

组成机构的运动副中受到约束力，而力包括大小、方向和作用点三个要素。不考虑摩擦时，每个平面低副中的约束力均有两个未知要素。如转动副中约束力，只知其作用点在回转中心，而其大小和方向未知；移动副中的约束力，只知其方向垂直于移动导路，而不知其大小和作用点。高副中的约束力则有一个未知要素，即只有作用力的大小未知，而作用点就在接触点，其方向沿接触点的公法线方向。

若一个构件组中有 P_L 个低副和 P_H 个高副，则所有运动副反力的未知要素共有（$2P_L + P_H$）个。因为每一个做平面运动的构件都可以列出三个独立的平衡方程，若构件组中有 n 个活动构件，则可列出 $3n$ 个平衡方程。于是，该构件组的静定条件为

$$3n = 2P_L + P_H$$

如果所有高副都进行了高副低代，则上式可写为

$$3n = 2P_L$$

由上式可看出，杆组是静定的，进行受力分析时，应以杆组为隔离体。

4.2 构件惯性力的确定

在进行机构的动态静力分析时，必须先确定各运动构件的惯性力。

4.2.1 做平面复合运动的构件

由理论力学可知，具有质量对称平面的构件做平面复合运动时（例如图 4-1 中的连杆 BC），其惯性力可简化为一个加在质心 S 上的惯性力 F_{Pi} 和一个惯性力偶矩 M_i，即

$$F_I = -ma_S \atop M_I = -J_S\alpha \Big\} \qquad (4-1)$$

式中，m 为构件 BC 的质量；a_S 为构件 BC 质心的加速度；J_S 为构件 BC 绕质心轴的转动惯量；α 为构件 BC 的角加速度。式中"$-$"号表示 F_I 和 M_I 分别与 a_S 和 α 的方向相反。

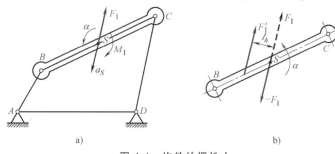

图 4-1 构件的惯性力

上述惯性力 F_I 和惯性力偶矩 M_I 也可以用一个大小等于 F_I，而作用线偏离质心距离为 l_h 的总惯性力 F_I' 来代替（图 4-1b）。偏离的方向由 M_I 决定，即应与角加速度方向相反，距离 l_h 的大小为

$$l_h = \frac{M_I}{F_I} \qquad (4-2)$$

4.2.2 做平面移动的构件

当构件做平面移动时，惯性力偶矩 $M_I = 0$，惯性力 $F_I = -ma_S$。若构件做等速运动，则 F_I 也为零。曲柄滑块机构中的滑块与凸轮机构中的直动从动件都属于这种情况。

4.2.3 绕定轴转动的构件

当构件以质心 S 为轴做变速转动时，其质心加速度 $a_S = 0$，则 $F_I = 0$，$M_I = -J_S\alpha$，如飞轮、带轮等转子；当构件做等速转动时，惯性力偶矩 M_I 也为零，如齿轮和匀速回转的转子。

如果构件的转轴不在质心 S 上，如图 4-2 所示，则当构件绕 D 点做变速转动时，其上作用有惯性力 $F_I = -ma_S$，惯性力偶矩 $M_I = -J_S\alpha$，或简化为一个总惯性力 F_I'。

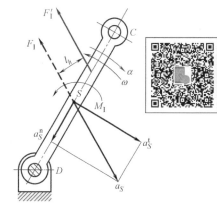

图 4-2 绕非质心轴转动的构件

🔧 4.3 运动副中的摩擦及考虑摩擦时机构的受力分析

在机械运动时，运动副两元素间将产生摩擦力。下面分别对移动副、转动副和平面高副中的摩擦进行分析。

4.3.1 移动副中的摩擦

1. 平面摩擦

如图 4-3 所示，滑块 1 与水平平面 2 构成移动副。设滑块 1 的重量为 G，平面 2 作用在滑块 1 上的法向约束力即正压力为 F_{N21}，给滑块 1 加一水平力 F 使其等速向右移动。则在运动的反方向，滑块 1 受到平面 2 作用的摩擦力的大小为

$$F_{f21}=fF_{N21}=fG \qquad (4-3)$$

式中，f 为摩擦因数。

如图 4-3 所示，将滑块所受的正压力 F_{N21} 和摩擦力 F_{f21} 合成为一总约束力 F_{R21}，平面 2 作用给滑块 1 的摩擦力由不考虑摩擦时的正压力 F_{N21} 变为考虑摩擦时的总约束力 F_{R21}，F_{R21} 与 F_{N21} 之间的夹角 φ 称为摩擦角。摩擦角和摩擦因数的关系为

$$\tan\varphi = F_{f21}/F_{N21}=fF_{N21}/F_{N21}=f$$

即 $$\varphi = \arctan f \qquad (4-4)$$

图 4-3 平面移动副摩擦分析

总约束力的方向与滑块的运动方向成钝角，其值为 $90°+\varphi$。

2. 槽面摩擦

当外载荷一定时，运动副两元素间的法向约束力的大小与运动副两元素的几何形状有关。如图 4-4 所示的槽面移动副，若两槽面之间的夹角为 2θ，则两接触面的法向约束力在铅垂方向的分力等于外载荷 G，即 $2F_{N21}\sin\theta=G$。于是得

$$F = 2F_{f21}=2fF_{N21}=\frac{G}{\sin\theta}f=\frac{f}{\sin\theta}G$$

令 $\dfrac{f}{\sin\theta}=f_v$，则上式可写为

$$F=f_v G \qquad (4-5)$$

式中，f_v 为楔形滑块的当量摩擦因数。

因 $f_v>f$，所以在同一外载荷作用下，楔形滑块的摩擦总大于平面滑块的摩擦，这种现象称为槽面效应，它适用于需要增加摩擦力的摩擦传动（如 V 带传动）和三角形螺纹的螺旋传动中。

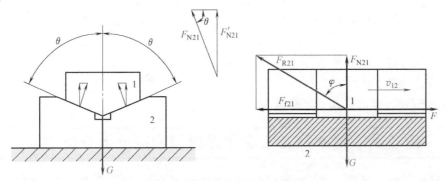

图 4-4 槽面移动副的摩擦分析

3. 斜面摩擦

斜面摩擦分上行和下行两种情况。

（1）上行时 如图 4-5 所示，将滑块 1 置于倾角为 α 的斜面 2 上，滑块 1 的重力为 G，受到的法向约束力为 F_N，当滑块在水平驱动力 F 的作用下匀速上行时，将其所受的法向约

束力 F_N 和摩擦力 F_f 合成为一总约束力 F_{R21}。由滑块的力平衡条件得 $F+G+F_{R21}=0$，画出矢量多边形，可得水平驱动力 F 为

$$F = G\tan(\alpha+\varphi) \tag{4-6}$$

（2）下行时　如图 4-6 所示，在作出总约束力 F'_{R21} 的方向后，根据滑块的力平衡条件，可得维持滑块匀速下滑的水平力 F' 为

$$F' = G\tan(\alpha-\varphi) \tag{4-7}$$

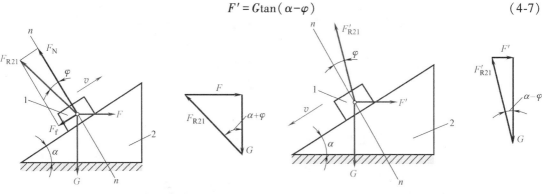

图 4-5　滑块上行斜面摩擦分析　　　　图 4-6　滑块下行斜面摩擦分析

注意：当 $\alpha<\varphi$ 时，F' 为负值，其方向与图示方向相反，F' 成为促使滑块匀速下滑的驱动力。

4. 螺旋副中的摩擦

（1）矩形螺纹螺旋副　在研究螺旋副中的摩擦时，通常假设螺母和螺杆之间的作用力 G 集中在其中径为 d_2 的螺旋线上。由于螺旋线可以展成平面上的斜直线，因此，分析螺旋副中的摩擦时，可以把螺母和螺杆间的相互作用关系简化为滑块沿斜面移动的关系，如图 4-7 所示。在螺母上加一力矩 M，使螺母逆着力 G 的方向匀速向上运动（对螺纹连接而言，相当于拧紧螺母），这等效于滑块在水平力 F 的作用下沿斜面匀速向上滑动，则有 $F=G\tan(\alpha+\varphi)$。式中，α 为螺纹在中径 d_2 上的升角；力 F 相当于拧紧螺母时必须在螺纹中径处施加的圆周力，故拧紧螺母时所需的力矩 M 为

$$M = \frac{Fd_2}{2} = \frac{Gd_2}{2}\tan(\alpha+\varphi) \tag{4-8}$$

同理，等速放松螺母时所需的力矩 M' 为

$$M' = \frac{Gd_2}{2}\tan(\alpha-\varphi) \tag{4-9}$$

图 4-7　矩形螺纹螺旋副的受力分析

（2）三角形螺纹螺旋副　如图 4-8 所示，三角形螺纹螺旋副与矩形螺纹螺旋副的主要区别在于螺纹接触面间的几何形状不同，三角形螺纹为一斜槽形面而矩形螺纹为一斜平面。计算时，只需把式（4-8）和式（4-9）中的摩擦角 φ 换成当量摩擦角 φ_v 即可。则拧紧和放松螺母时所需的力矩 M 分别为

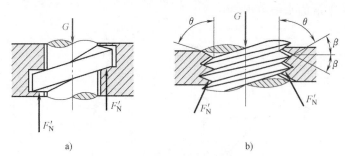

图 4-8　三角形螺纹螺旋副的受力分析

$$M = \frac{Fd_2}{2} = \frac{Gd_2}{2}\tan(\alpha + \varphi_v) \qquad (4\text{-}10)$$

$$M' = \frac{Gd_2}{2}\tan(\alpha - \varphi_v) \qquad (4\text{-}11)$$

式中，$\varphi_v = \arctan f_v$，$f_v = \dfrac{f}{\sin(90° - \theta)} = \dfrac{f}{\cos\beta}$。

4.3.2　转动副中的摩擦

轴安装在轴承中的部分称为轴颈，轴颈与轴承组成转动副。根据加在轴颈上的载荷方向不同，分为径向轴颈和止推轴颈。径向轴颈上的载荷沿其径向方向分布，其摩擦力称为轴颈摩擦，如图 4-9a 所示；止推轴颈上的载荷沿其轴向方向分布，其摩擦力称为轴端摩擦，如图 4-9b 所示。下面以由轴和轴承组成的转动副为例分别进行分析。

1. 轴颈摩擦

如图 4-10 所示，半径为 r 的轴颈在径向载荷 G 和驱动力矩 M_d 的作用下，在轴承 2 中匀速转动。此时，轴颈所受的摩擦力 F_{f21} 与正压力 F_{N21} 合成为总约束力 F_{R21}。当轴匀速转动时，由力平衡条件可知

$$G = -F_{R21}, \qquad M_d = -F_{R21}\rho = -M_f$$

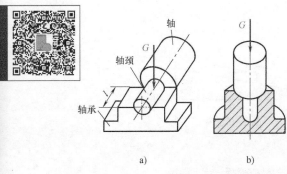

图 4-9　径向轴颈和止推轴颈

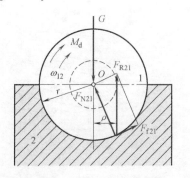

图 4-10　径向轴颈摩擦分析

故摩擦力矩 M_f 为

$$M_f = F_{f21}r = f_v Gr = F_{R21}\rho \qquad (4\text{-}12)$$

由式（4-12）可得

$$\rho = f_v r \qquad (4\text{-}13)$$

式（4-13）表明，ρ 的大小与轴颈半径和当量摩擦因数有关。对于一个具体的轴颈，ρ 为定值，以 ρ 为半径所作的圆称为摩擦圆，ρ 称为摩擦圆半径；而 f_v 为当量摩擦因数，计算时常取 $f_v = (1 \sim 1.57) f$。对于轴颈与轴承接触面间没有磨损或磨损极小的非跑合转动副，f_v 取大值；对于经过一段时间运转的跑合性转动副，f_v 取小值。

综合上述分析可知，总反力 F_{R21} 始终与摩擦圆相切，它所产生的摩擦力矩的方向总是与轴颈 1 相对于轴承 2 的角速度 ω_{12} 方向相反。

2. 轴端摩擦

轴用以承受轴向载荷的部分称为轴端。如图 4-11 所示，轴 1 的轴端和承受轴向载荷的止推轴承 2 构成一转动副。当轴转动时，轴的端面将产生摩擦力矩 M_f。设轴向载荷为 G，与轴承 2 相接触的轴端是内径为 $2r$、外径为 $2R$ 的空心端面，则 M_f 的大小为：

1）对于非跑合的止推轴颈，轴端各处的压强 p 相等，即 $p = $ 常数。则有

$$M_f = \frac{2}{3} fG \frac{R^3 - r^3}{R^2 - r^2} \qquad (4\text{-}14)$$

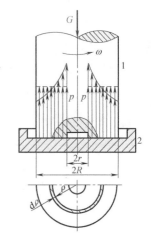

2）对于跑合的止推轴颈，轴端各处的压强 p 不相等，离中心远的部分磨损较快，因而压强较小；离中心近的部分磨损较慢，因而压强增大。在正常磨损情况下 $p\rho = $ 常数，则有

$$M_f = \frac{1}{2} fG(R+r) \qquad (4\text{-}15)$$

图 4-11　止推轴颈摩擦分析

根据跑合后轴端各处压强的分布规律 $p\rho = $ 常数可知，轴端中心处的压强非常大，极易压溃，故实际工作中一般都采用空心轴端。

例 4-1　如图 4-12a 所示的曲柄滑块机构，已知作用在滑块 3 上的工作阻力 P，移动副接触面之间的摩擦角 φ，转动副 A、B 和 C 处的摩擦圆如图所示。若不计各构件的重量和惯性力，试对图示位置的机构进行受力分析，确定出各运动副的总约束力以及图示位置需施加于曲柄 1 上的驱动力矩 M_1。

解　(1) 判断构件转动方向　根据工作阻力 P 的方向，可以判断滑块 3 向左移动，因而曲柄 1 的转动方向为逆时针方向。运动中杆 2 与杆 1 间的夹角变小，而杆 2 与杆 3 间的夹角变大，故可以判定 ω_{21} 和 ω_{23} 的方向如图 4-12b 所示。

(2) 确定二力杆连杆的受力方向　在不计杆 2 重力的情况下，杆 2 为二力杆，二力的大小相

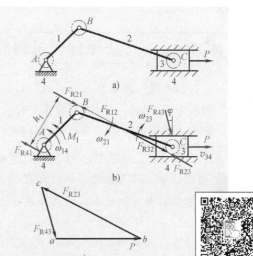

图 4-12　曲柄滑块机构受力分析

等、方向相反，并作用在同一直线上。在考虑摩擦的情况下，作用在受拉连杆 2 上的总约束力为构件 1 给构件 2 的总约束力 F_{R12} 和构件 3 给构件 2 的总约束力 F_{R32}，F_{R12} 和 F_{R32} 分别与转动副 B 和 C 处的摩擦圆相切，且所形成摩擦力矩的方向应分别与 ω_{21} 和 ω_{23} 的方向相反，如图 4-12b 所示。

（3）对作用有已知力的构件 3 进行受力分析，以确定总约束力 F_{R21}　构件 3 上作用有工作阻力 P、构件 2 对构件 3 的总约束力 F_{R23} 以及机架 4 对构件 3 的总约束力 F_{R43}，其力平衡方程式为

$$P + F_{R23} + F_{R43} = 0$$

式中，P 的大小和方向已给定，力 F_{R23} 和 F_{R23} 的方向也可确定，作力的多边形 abc，如图 4-12c 所示。从而可求得 F_{R23} 的大小。

又因为 $F_{R23} = -F_{R32}$，$F_{R32} = -F_{R12}$，$F_{R12} = -F_{R21}$，可知 F_{R21} 的大小等于 F_{R23}。

（4）求驱动力矩 M_1　曲柄 1 为含有力偶的二力构件，总约束力 F_{R41} 应与 F_{R21} 大小相等、方向相反，且互相平行，由 ω_{14} 的方向可以确定 F_{R41} 与转动副 A 处的摩擦圆相切，如图 4-12b 所示。由曲柄 1 的力矩平衡方程可得驱动力矩的大小为 $M_1 = F_{R21}h_1$，其方向与总反力所产生的力偶矩的方向（顺时针方向）相反，故 M_1 的方向为逆时针方向。

由上述求解过程可以看出，对含有转动副和移动副的连杆机构进行静力分析时，应注意以下几点：

1）根据已知条件，分析各构件的相对运动情况。

2）确定连杆是拉力杆还是压力杆，并通过各构件的相对运动情况来判断作用在二力杆上的各总反力方向。

3）对作用有已知力的构件进行受力分析，利用三力构件三力汇交于一点的特点，根据力三角形求解。

4.4　不考虑摩擦时机构的动态静力分析

对机构进行动态静力分析时，应先分析各构件上的惯性力，并把它们视为外力作用于产生惯性力的构件上；再根据静定条件，从外力已知的构件开始，将机构拆分成若干个杆组及受平衡力作用的构件，进行受力分析。

例 4-2　如图 4-13 所示的颚式破碎机中，已知各构件的尺寸、重量和对其质心轴的转动惯量，以及破碎石块时加于动颚 2 上的阻力 F_r。设原动件曲柄 1 的角速度为 ω_1，若忽略其重力，试求作用在曲柄 1 上的点 E 并沿 x-x 方向的平衡力，并确定各运动副的反力。

解　（1）作机构的运动简图、速度多边形及加速度多边形　选定长度比例尺 μ_l、速度比例尺 μ_v、加速度比例尺 μ_a，作出机构运动简图（图 4-13a），并通过矢量方程作出速度多边形（图 4-13b）及加速度多边形（图 4-13c）。

（2）确定各构件上的惯性力和惯性力偶矩 作用在构件 2 上的惯性力 F_{I2} 和惯性力偶矩 M_{I2} 为

$$F_{I2} = -m_2 a_{S_2} = -\frac{G_2}{g}\mu_a \overline{p's_2'}$$

$$M_{I2} = -J_{S_2}\alpha_2 = -J_{S_2}\frac{a_{CB}^t}{l_{CB}} = -J_{S_2}\frac{\mu_a\overline{c''c'}}{l_{CB}}$$

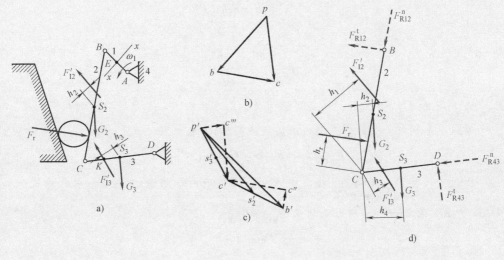

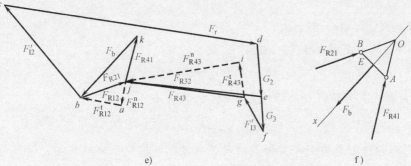

图 4-13 机构的动态静力分析

将构件 2 质心 S_2 处的惯性力 F_{I2} 和惯性力偶矩 M_{I2} 合成为一个总惯性力 F'_{I2}，其大小和方向仍为 F_{I2}，但其作用线相对质心 S_2 偏移的距离 h_{12} 为

$$h_2 = \frac{M_{I2}}{F_{I2}}$$

同样，对于构件 3 有

$$F_{I3} = -m_3 a_{S_3} = -\frac{G_3}{g}\mu_a\overline{p's_3'}$$

$$M_{I3} = -J_{S_3}\alpha_3 = -J_{S_3}\frac{a_{CD}^t}{l_{CD}} = -J_{S_3}\frac{\mu_a\overline{c'''c'}}{l_{CD}}$$

$$h_3 = \frac{M_{I3}}{F_{I3}}$$

（3）动态静力分析

1）拆分杆组，求构件 2、3 中各运动副的约束力。如图 4-13d 所示，把构件 2 和 3 所组成的杆组作为隔离体，将其运动副 B、C 的约束力分别分解为沿构件轴线和垂直于构件轴线的两个分力。再分别就构件 2、3 对 C 点取矩，则根据力矩平衡条件 $\sum M_C = 0$ 可分别求得

$$F_{R12}^t = \frac{G_2 h_2 + F_r h_r - F_{I2}' h_1}{\overline{CB}}$$

$$F_{R43}^t = \frac{G_3 h_4 - F_{I3}' h_3}{\overline{CD}}$$

当 F_{R12}^t 和 F_{R43}^t 求出后，如所得值为负，则表示该力与原来所取方向相反。

再以整个杆组为隔离体，由力平衡条件 $\sum F = 0$ 得

$$F_{R12}^n + F_{R12}^t + F_{I2}' + F_r + G_2 + G_3 + F_{I3}' + F_{R43}^t + F_{R43}^n = 0$$

上式中只有 F_{R12}^n 和 F_{R43}^n 的大小未知，故可用图解法由力多边形求出结果。如图 4-13e 所示，矢量 $\overrightarrow{ja}$ 和 $\overrightarrow{ij}$ 即分别代表 F_{R12}^n 和 F_{R43}^n。于是得

$$F_{R12} = \mu_F \overline{jb}$$

$$F_{R43} = \mu_F \overline{gj}$$

式中，μ_F 为比例尺，单位为 N/mm。

又根据构件 2 的力平衡条件 $\sum F = 0$ 得

$$F_{R12} + F_{I2}' + F_r + G_2 + F_{R32} = 0$$

可知矢量 $\overrightarrow{ej}$ 即代表运动副 C 处的约束力 F_{R32}，其大小为

$$F_{R32} = \mu_F \overline{ej}$$

2）求作用在构件 1 上的平衡力和运动副约束力。以构件 1 为隔离体，根据构件 1 的力平衡条件可得

$$F_b + F_{R21} + F_{R41} = 0$$

式中，$F_{R21} = -F_{R12}$，而平衡力 F_b 的方向已知，沿 x-x 线。

于是，根据构件平衡时所受的三个力应汇交于一点的条件，可确定出运动副 A 上的约束力 F_{R41}，如图 14-13f 所示。由此可知，上式中只有 F_b 和 F_{R41} 的大小未知，故可作力的多边形求解。如图 14-13e 所示，矢量 $\overrightarrow{bj}$ 代表 F_{R21}，从点 j 和点 b 分别按 F_{R41} 和 F_b 的方向作直线 $\overrightarrow{jk}$ 和 $\overrightarrow{bk}$ 交于 k 点，则矢量 $\overrightarrow{jk}$ 和 $\overrightarrow{kb}$ 即分别代表约束力 F_{R41} 和平衡力 F_b，其大小为

$$F_{R41} = \mu_F \overline{jk}$$

$$F_b = \mu_F \overline{bk}$$

平衡力 F_b 的指向与 ω_1 的方向一致。

习题与思考题

4-1 何谓平衡力与平衡力矩？平衡力是否总是驱动力？

4-2 构件组的静定条件是什么？基本杆组都是静定杆组吗？

4-3 何谓机构的动态静力分析？对机构进行动态静力分析的步骤是什么？

4-4 何为当量摩擦因数和当量摩擦角？引入它们的目的是什么？

4-5 何为摩擦圆？摩擦圆的大小与哪些因素有关？

4-6 在转动副中，无论什么情况，总约束力始终应与摩擦圆相切的论断是否正确？为什么？

4-7 图 4-14 所示为一曲柄滑块机构的三个不同位置，F 为作用在滑块上的力，转动副 A 及 B 上所画的虚线小圆为摩擦圆，构件重量及惯性力略去不计。试确定在此三个位置时，作用在连杆 AB 上的力的方向。

4-8 在图 4-15 所示的曲柄滑块机构中，已知各构件的尺寸、转动副轴颈半径 r 及当量摩擦因数 f_v、滑块与导路的摩擦因数 f，作用在滑块 3 上的驱动力为 F_d。试求在图示位置时，需要作用在曲柄上沿 x-x 方向的平衡力 F_b（不计构件重力和惯性力）。

4-9 图 4-16 所示为一摆动从动件盘形凸轮机构，凸轮 1 的回转方向为逆时针方向，F 为作用在构件 2 上外载荷。试确定凸轮 1 及机架 3 作用于构件 2 上的总约束力 F_{R12} 和 F_{R32} 的方位（不计构件重力和惯性力，虚线小圆为摩擦圆）。

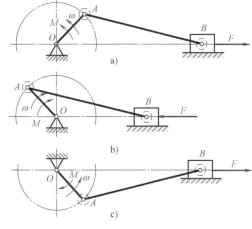

图 4-14 题 4-7 图

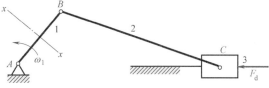

图 4-15 题 4-8 图

4-10 在图 4-17 所示的正切机构中，已知 $h=500\text{mm}$，$l=100\text{mm}$，$\omega_1=10\text{rad/s}$，构件 3 的重量 $G_3=10\text{N}$，质心在其轴线上，生产阻力 $F_r=100\text{N}$，其余构件的重力和惯性力均略去不计。试求当 $\varphi_1=60°$ 时，需加在构件 1 上的平衡力矩 M_b。

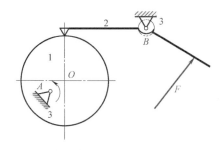

图 4-16 题 4-9 图

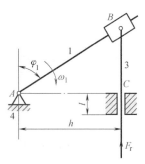

图 4-17 题 4-10 图

第 5 章

机械的效率和自锁

机械在运转过程中，会受到摩擦力的作用，它在一般情况下是一种有害阻力，会造成动力的浪费，从而降低机械效率。为此，需要通过合理设计，改善机械运转性能和提高机械效率。

📌 5.1 机械的效率

5.1.1 机械效率的概念

机械在运转时，驱动力对机械所做的功，是由外部输入机械的功，称为输入功，用 W_d 表示；机械克服工作阻力所做的功，是机械输出的功，称为输出功，用 W_r 表示；机械还需克服有害阻力而损失的一部分功，称为损失功，用 W_f 表示。

在机械稳定运转时，有

$$W_d = W_r + W_f \tag{5-1}$$

由式（5-1）可以看出，对于一定的输入功 W_d，损失功 W_f 越小，则输出功 W_r 就越大，这表示该机器对能量的有效利用程度越高。

因此，可以用机械效率 η 来衡量机器对能量有效利用的程度，它等于 W_r 与 W_d 的比值

$$\eta = \frac{W_r}{W_d} = 1 - \frac{W_f}{W_d} \tag{5-2}$$

用功率表示时，有

$$\eta = \frac{P_r}{P_d} = 1 - \frac{P_f}{P_d} \tag{5-3}$$

式中，P_d、P_r、P_f 分别为输入功率、输出功率及损失功率。

机械的损失功与输入功之比称为损失率，用 ξ 表示，即

$$\xi = \frac{W_f}{W_d} = \frac{P_f}{P_d} \tag{5-4}$$

$\eta + \xi = 1$。由于摩擦损失不可避免，故必有 $\xi > 0$ 和 $\eta < 1$。

机器效率是衡量机器工作质量的重要指标之一。

5.1.2 机械效率的计算

为便于进行效率的计算，下面介绍一种实用的效率计算公式。

图 5-1 所示为一机械传动装置示意图，设 F 为驱动力，G 为生产阻力，v_F 和 v_G 分别为

F 和 G 的作用点沿该力作用线方向的分速度，于是根据式（5-3）可得

$$\eta = \frac{P_r}{P_d} = \frac{Gv_G}{Pv_F} \qquad (5\text{-}5)$$

为了将式（5-5）简化，假设在该机械中不存在摩擦。这时，为克服同样的生产阻力 G，其所需的驱动力 F_0 称为理想驱动力，显然 $F_0 < F$。对于理想机械来说，其效率 η_0 应等于 1，即

$$\eta_0 = \frac{Gv_G}{F_0 v_F} = 1 \qquad (5\text{-}6)$$

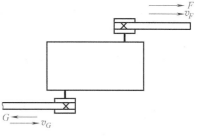

图 5-1　机械传动装置示意图

将其代入式（5-5），得

$$\eta = \frac{F_0 v_F}{F v_F} = \frac{F_0}{F} \qquad (5\text{-}7)$$

式（5-7）说明，机械效率也等于不计摩擦时克服生产阻力所需的理想驱动力 F_0 与克服同样生产阻力（连同克服摩擦力）时该机械实际所需的驱动力 F（F 与 F_0 的作用线相同）之比。

同理，机械效率也可以用力矩之比的形式来表达，即

$$\eta = \frac{M_0}{M} \qquad (5\text{-}8)$$

式中，M_0 和 M 分别为克服同样生产阻力所需的理想驱动力矩和实际驱动力矩。综合式（5-7）与式（5-8）可得

$$\eta = \frac{理想驱动力}{实际驱动力} = \frac{理想驱动力矩}{实际驱动力矩} \qquad (5\text{-}9)$$

应用式（5-9）来计算机构的效率十分简便。简单传动机构和运动副的效率见表 5-1。

上述机械效率主要是指一个机构或一台机器的效率。对于由许多机构或机器组成的机械系统的机械效率及其计算，可以根据组成系统的各机构或机器的效率计算求得。

因若干机构或机器的连接组合方式一般有串联、并联和混联三种，故机械系统的机械效率相应也有三种不同计算方法。

表 5-1　简单传动机构和运动副的效率

名称	传动形式	效率值	备注
圆柱齿轮传动	6~7 级精度齿轮传动	0.98~0.99	良好磨合、稀油润滑
	8 级精度齿轮传动	0.97	稀油润滑
	9 级精度齿轮传动	0.96	稀油润滑
	切制齿、开式齿轮传动	0.94~0.96	干油润滑
	铸造齿、开式齿轮传动	0.90~0.93	—
锥齿轮传动	6~7 级精度齿轮传动	0.97~0.98	良好磨合、稀油润滑
	8 级精度齿轮传动	0.94~0.97	稀油润滑
	切制齿、开式齿轮传动	0.92~0.95	干油润滑
	铸造齿、开式齿轮传动	0.88~0.92	—
蜗杆传动	自锁蜗杆	0.40~0.45	润滑良好
	单头蜗杆	0.70~0.75	
	双头蜗杆	0.75~0.82	
	三头和四头蜗杆	0.80~0.92	
	圆弧面蜗杆	0.85~0.95	

（续）

名称	传动形式	效率值	备注
带传动	平带传动	0.90~0.98	—
	V带传动	0.94~0.96	
	同步带传动	0.98~0.99	
链传动	套筒滚子链	0.96	润滑良好
	无声链	0.97	
摩擦轮传动	平摩擦轮传动	0.85~0.92	—
	槽摩擦轮传动	0.88~0.90	
滑动轴承	—	0.94	润滑不良
		0.97	润滑正常
		0.99	液体润滑
滚动轴承	球轴承	0.99	稀油润滑
	滚子轴承	0.98	稀油润滑
螺旋传动	滑动螺旋	0.30~0.80	—
	滚动螺旋	0.85~0.95	

1. 串联机械系统

图 5-2 所示为由 k 个机器串联组成的机械系统。设各机器的效率分别为 η_1、η_2、$\cdots$、η_k，机组的输入功率为 P_d，输出

图 5-2　串联机械系统

功率为 P_r。这种串联机械系统功率传递的特点是前一机器的输出功率即为后一机器的输入功率，故串联机械系统的机械效率为

$$\eta = \frac{P_r}{P_d} = \frac{P_1}{P_d} \frac{P_2}{P_1} \cdots \frac{P_k}{P_{k-1}} = \eta_1 \eta_2 \cdots \eta_k \qquad (5\text{-}10)$$

即串联机械系统的总效率等于组成该系统的各台机器效率的连乘积。由此可见，只要串联机械系统中任一机器的效率很低，就会导致整个系统的效率极低；且串联的级数越多，系统的效率越低。

2. 并联机械系统

图 5-3 所示为由 k 个机器并联组成的机械系统。设各机器的效率分别为 η_1、η_2、$\cdots$、η_k，输入功率分别为 P_1、P_2、$\cdots$、P_k，则各机器的输出功率分别为 $P_1\eta_1$、$P_2\eta_2$、$\cdots$、$P_k\eta_k$。这种并联机械系统的特点是系统的输入功率为各台机器的输入功率之和，而其输出功率为各台机器的输出功率之和。于是，并联机械系统的机械效率应为

$$\eta = \frac{\sum P_{ri}}{\sum P_{di}} = \frac{P_1\eta_1 + P_2\eta_2 + \cdots + P_k\eta_k}{P_1 + P_2 + \cdots + P_k} \qquad (5\text{-}11)$$

式 (5-11) 表明，并联机械系统的总效率不仅与各机器的效率有关，也与各机器所传递的功率大小有关。设各机器中效率最高者及最低者的效率分别为 η_{max} 及 η_{min}，则 $\eta_{max} < \eta < \eta_{min}$，并且系统的总效率主要取决于传递功率最大的机器的效率。

若各台机器的输入功率均相等，则其总效率等于各台机器效率的平均值。由此可知，要

提高并联机械系统的效率，应着重提高传递功率大的传动路线的效率。

3. 混联机械系统

图 5-4 所示为兼有串联和并联方式的混联机械系统。为了计算其总效率，可先将输入功至输出功的路线弄清，然后分别计算出总的输入功率 $\sum P_d$ 和总的输出功率 $\sum P_r$，则其总机械效率为

$$\eta = \frac{\sum P_r}{\sum P_d} \tag{5-12}$$

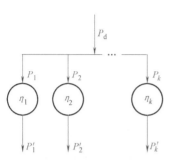

图 5-3 并联机械系统

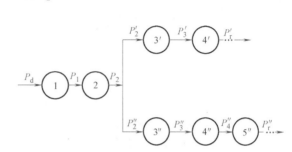

图 5-4 混联机械系统

5.1.3 提高机械效率的途径

由前面的分析可知，机械运转过程中其效率降低的主要原因为机械中的损耗，而损耗主要是由摩擦引起的。

因此，为了提高机械的效率，就必须采取措施减小机械中的摩擦，一般需要从设计、制造和使用维护三方面加以考虑。在设计方面主要采取以下措施：

1）尽量简化机械传动系统，采用最简单的机构来满足工作要求，使功率传递通过的运动副的数目尽可能少。

2）选择合适的运动副形式。例如，转动副易保证运动副元素的配合精度，效率高；移动副不易保证配合精度、效率较低，且容易发生自锁或楔紧。

3）在满足强度、刚度等要求的情况下，不要盲目增大构件尺寸。例如，轴颈尺寸增大时，会使该轴颈的摩擦力矩增加，机械易发生自锁。

4）设法减少运动副中的摩擦。例如，在传递动力的场合尽量选用矩形螺纹或牙型角小的锯齿形螺纹；用平面摩擦代替槽面摩擦；采用滚动摩擦代替滑动摩擦；选用适当的润滑剂及润滑装置进行润滑；合理选用运动副元素的材料等。

5）减少机械中因惯性力所引起的动载荷，以提高机械效率。特别是在机械设计阶段就应考虑其平衡问题。

📌 5.2 机械的自锁

5.2.1 机械自锁的概念及意义

在实际机械中，由于摩擦的存在以及驱动力作用方向的问题，有时会出现无论驱动力如何增大，机械都无法运转的现象，这种现象称为机械的自锁。

自锁现象在机械工程中具有十分重要的意义。一方面，在设计机械时，为使机械能够实现预期的运动，必须避免该机械在所需的运动方向上发生自锁；另一方面，有些机械的工作又需要具有自锁的特性。

在机械工程中利用自锁的例子有很多。例如，图5-5所示为手摇螺旋千斤顶，当转动手柄6将重物4举起后，应保证不论重物4的重量多大，都不能驱动螺母5反转而致使重物4自行降落下来。也就是要求该千斤顶在重物4的重力作用下，必须具有自锁性。

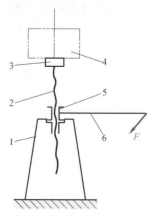

图 5-5　手摇螺旋千斤顶
1—机架　2—螺杆　3—托板
4—重物　5—螺母　6—手柄

5.2.2　机械自锁的条件

机械是否发生自锁，与其驱动力作用线的位置及方向有关。在移动副中，若驱动力作用于摩擦角之外，则不会发生自锁；在转动副中，若驱动力作用于摩擦圆之外，也不会发生自锁。故一个机械是否发生自锁，可以通过分析组成该机械的各环节的自锁情况来判断，只要组成该机械的某一环节或数个环节发生自锁，则该机械必发生自锁。

1. 移动副自锁的条件

如图5-6所示，滑块1与平台2组成移动副。设 F 为作用在滑块1上的驱动力，它与接触面法线 nn 间的夹角为 β（称为传动角），而摩擦角为 φ。将力 F 分解为沿接触面切向和法向的两个分力 F_t、F_n，$F_t = F\sin\beta = F_n\tan\beta$ 是推动滑块1运动的有效分力；而 F_n 只能使滑块1压向平台2，其所能引起的最大摩擦力为 $F_{fmax} = F_n\tan\varphi$。因此，当 $\beta \leqslant \varphi$ 时，有

$$F_t \leqslant F_{fmax} \tag{5-13}$$

即在 $\beta \leqslant \varphi$ 的情况下，不管驱动力 F 如何增大（方向维持不变），驱动力的有效分力 F_t 总小于驱动力 F 本身可能引起的最大摩擦力，因而总是不能推动滑块1运动，这就发生了自锁现象。

因此，在移动副中，如果作用于滑块上的驱动力作用在其摩擦角之内（即 $\beta \leqslant \varphi$），则发生自锁。这就是移动副发生自锁的条件。

2. 转动副自锁的条件

在图5-7所示的转动副中，设作用在轴颈上的外载荷为一单力 F，则当力 F 的作用线在摩擦圆之内时（即 $a \leqslant \rho$），因它对轴颈中心的力矩 Fa 始终小于其本身所引起的最大摩擦力矩 $M_f = F_R\rho = F\rho$，所以无论力 F 如何增大（力臂 a 保持不变），都不能驱使轴颈转动，即出现了自锁现象。

因此，转动副发生自锁的条件为：作用在轴颈上的驱动力为单力 F 且作用于摩擦圆之内，即 $a \leqslant \rho$。

判断机械是否发生自锁的方法有两种。一种方法是利用当驱动力任意增大时，生产阻力小于或等于0是否成立来判断机械是否自锁。因为当机械发生自锁时，机械已不能运动，所以这时它所能克服的生产阻力小于或等于0。另一种方法是借助机械效率的计算公式来判断机械是否发生自锁。因为当机械发生自锁时，驱动力所做的功总小于或等于由它所产生的摩擦阻力所做的功，即 $\eta \leqslant 0$。所以当驱动力任意增大时，若恒有 $\eta \leqslant 0$，则机械将发生自锁。

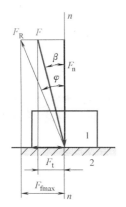

图 5-6 移动副的自锁

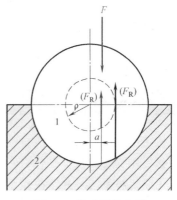

图 5-7 转动副的自锁

下面举例说明确定机械自锁条件的方法。

（1）螺旋千斤顶 如前所述，图 5-5 所示螺旋千斤顶在重物 4 的重力作用下，应具有自锁性，其自锁条件可按如下步骤求得。螺旋千斤顶在重物 4 的重力作用下运动时的阻抗力矩 M' 可按式（4-11）计算

$$M' = \frac{d_2 G \tan(\alpha - \varphi_v)}{2} \tag{5-14}$$

令 $M' \le 0$（驱动力 G 为任意值），则得

$$\tan(\alpha - \varphi_v) \le 0 \quad 即 \ \alpha \le \varphi_v \tag{5-15}$$

式（5-15）即为螺旋千斤顶在重物 4 的重力作用下自锁的条件。

（2）斜面压榨机 在图 5-8a 所示的斜面压榨机中，如果在滑块 2 上施加一定的力 F，即可产生一压紧力将物体 4 压紧。图中 G 为被压物体对滑块 3 的反作用力。显然，当力 F 撤去后，该机构在力 G 的作用下应该具有自锁性，下面分析其自锁条件。可先求出当 G 为驱动力时，该机械的阻抗力 F。设备接触面的摩擦因数均为 f，再根据各接触面间的相对运动，将两滑块所受的总约束力作出，如图 5-8a 所示。

然后分别取滑块 2 和 3 作为分离体，列出力平衡方程 $F + F_{R12} + F_{R32} = 0$ 及 $G + F_{R13} + F_{R23} = 0$，并作出如图 5-8b 所示的力多边形，于是由正弦定理可得

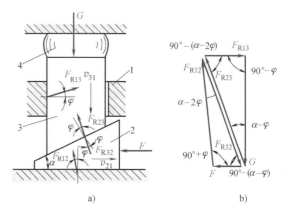

图 5-8 斜面压榨机
1—机架 2、3—滑块 4—被压物体

$$F = \frac{F_{R32} \sin(\alpha - 2\varphi)}{\cos\varphi} \tag{5-16}$$

$$G = \frac{F_{R23} \cos(\alpha - 2\varphi)}{\cos\varphi} \tag{5-17}$$

又因 F_{R32} 与 F_{R23} 大小相等，故可得 $F = G\tan(\alpha - 2\varphi)$，令 $F \le 0$，得

$$\tan(\alpha - 2\varphi) \leqslant 0 \qquad\qquad (5\text{-}18)$$

于是，$\alpha \leqslant 2\varphi$，此即斜面压榨机反行程（$G$ 为驱动力时）的自锁条件。

习题与思考题

5-1 机械中的摩擦与机械的自锁有何关系？试举 2~3 个利用自锁的实例。

5-2 螺旋副自锁的条件是什么？

5-3 串联机械系统及并联机械系统的效率计算，对设计机械传动系统有何重要启示？

5-4 在图 5-9 所示的四杆夹紧机构中，若已知驱动力 F、工作阻力 Q 和各接触面间的摩擦因数 f。试求：

1）工作阻力 Q（其大小等于夹紧工件的力的大小）与驱动力 F 的关系式。

2）除去驱动力 F 后，正行程和反行程自锁的条件。

5-5 在图 5-10 所示的曲柄滑块机构中，曲柄 1 在驱动力矩 M_1 作用下匀速转动。设已知各转动副的轴颈半径 $r = 10\text{mm}$，当量摩擦因数 $f_v = 0.1$，移动副中滑块的摩擦因数 $f = 0.15$，$l_{AB} = 100\text{mm}$，$l_{BC} = 350\text{mm}$。各构件的质量和转动惯量略去不计。当 $M_1 = 20\text{N·m}$ 时，试求机构在图示位置所能克服的有效阻力 F_3 及机械效率。

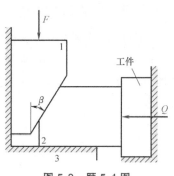

图 5-9 题 5-4 图

5-6 图 5-11 所示为一带式运输机，由电动机 1 经平带传动及一个两级齿轮减速器带动运输带 8。已知运输带 8 所需的曳引力 $F = 5500\text{N}$，运送速度 $v = 1.2\text{m/s}$；平带传动（包括轴承）的效率 $\eta_1 = 0.95$，每对齿轮（包括其轴承）的效率 $\eta_2 = 0.97$，运输带 8 的机械效率 $\eta_3 = 0.92$（包括其支承和联轴器）。试求该系统的总效率 η 及电动机所需的功率。

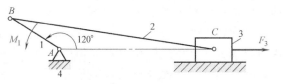

图 5-10 题 5-5 图

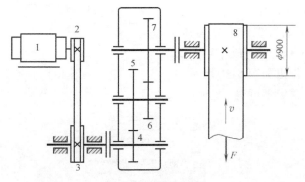

图 5-11 题 5-6 图

1—电动机 2、3—平带传动 4、5、6、7—齿轮 8—运输带

5-7　如图 5-12 所示，电动机通过 V 带传动及锥齿轮、圆柱齿轮传动带动工作机 A 及 B。设每对齿轮的效率 $\eta_1 = 0.97$（包括轴承在内），带传动的效率 $\eta_2 = 0.92$，工作机 A、B 的功率分别为 $P_A = 5\text{kW}$、$P_B = 1\text{kW}$，效率分别为 $\eta_A = 0.8$、$\eta_B = 0.5$。试求电动机所需的功率。

5-8　图 5-13 所示为一提升装置，6 为被提升的重物，设备接触面的摩擦因数为 f（不计铰链中的摩擦）。为能可靠地提起重物，试确定连杆 2（3、4）杆长的取值范围。

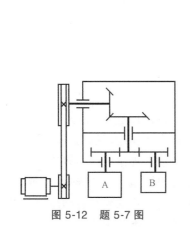

图 5-12　题 5-7 图

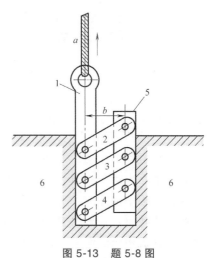

图 5-13　题 5-8 图

5-9　图 5-14 所示为自动弧焊机的送丝装置，送丝头在装卸工件及焊接时需做上下运动。由于设计中存在一些问题，发现在工作中送丝头上下不顺畅，以致电动机发热甚至烧毁。试分析产生故障的可能原因，并提出改进方法。

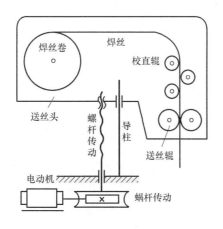

图 5-14　题 5-9 图

第6章

平面连杆机构及其设计

6.1　连杆机构及其传动特点

连杆机构是由若干个刚性构件全部用低副连接而成的。在连杆机构中，若各运动构件都在相互平行的平面内运动，则称为平面连杆机构；反之，称为空间连杆机构。

平面连杆机构中构件的运动形式多样，可以实现给定的运动规律或运动轨迹，低副的接触面为平面或圆柱面，其承载能力高、耐磨损、加工制造方便、易于获得较高的加工精度。因此，平面连杆机构广泛用于各种机械和仪器中。连杆机构的主要缺点是运动副累积误差较大，不易精确地实现复杂的运动规律；机构的惯性力难以平衡，不适用于高速情况。

连杆机构的类型很多，而结构最简单且应用最广泛的是平面四杆机构，它也是多杆机构的基础。因此，本章重点介绍平面四杆机构的基本类型、特性和常用设计方法。

6.2　平面四杆机构的类型和应用

6.2.1　平面四杆机构的基本形式

全部运动副为转动副的四杆机构称为铰链四杆机构，如图 6-1 所示，它是平面四杆机构的基本形式。

机构中固定不动的构件 4 称为机架，直接与机架相连的构件 1、3 称为连架杆，不直接与机架相连的构件 2 称为

连杆。而在连架杆中，能整周回转的连架杆称为曲柄，只能在一定角度范围内往复摆动的连架杆称为摇杆。若组成转动副的两构件能做整周相对运动，则称此转动副为整转副，否则称为摆转副。

图 6-1　铰链四杆机构

根据两连架杆能否整周回转，可将铰链四杆机构分为三种基本形式，即曲柄摇杆机构、双曲柄机构和双摇杆机构，如图 6-2 所示。

1. 曲柄摇杆机构

在铰链四杆机构中，若两连架杆之一为曲柄，另一个为摇杆，则称为曲柄摇杆机构，如图 6-2a 所示。例如，图 6-3 所示的搅拌器机构可将原动件曲柄的连续转动转变为从动件摇杆

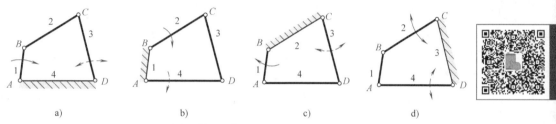

图 6-2　铰链四杆机构的基本形式

a）、c）曲柄摇杆机构　b）双曲柄机构　d）双摇杆机构

的往复摆动；图 6-4 所示的缝纫机踏板机构可将原动件摇杆的往复摆动转变为从动件曲柄的整周转动。

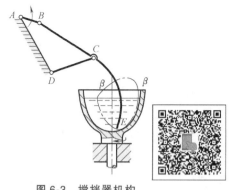

图 6-3　搅拌器机构

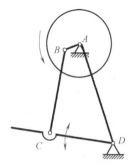

图 6-4　缝纫机踏板机构

2. 双曲柄机构

若铰链四杆机构中的两个连架杆均为曲柄，则称为双曲柄机构，如图 6-2b 所示。它可将原动曲柄的等速转动转变为从动曲柄的等速或变速转动。图 6-5 所示为惯性筛机构，主动曲柄 1 等速转动时，可通过连杆 2 带动从动曲柄 3 做变速转动，从而使筛子做变速移动，以达到筛分材料颗粒的目的。

双曲柄机构中，若两对边构件平行且长度相等，则称为平行四边形机构。这种机构的传动特点是两曲柄以相同的角速度同向转动，连杆做平移运动。例如，图 6-6 所示的工件夹紧

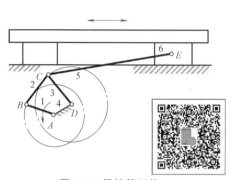

图 6-5　惯性筛机构

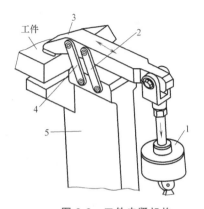

图 6-6　工件夹紧机构

1—气缸　2、4—摇杆　3—压板　5—机架

机构就利用了连杆（压板 3）做平动的特点，来实现压板 3 的平面平动，从而夹紧和松开工件；图 6-7 所示的机车车轮联动机构则利用了其曲柄 *AB*、*CD*、*EF* 等速同向转动的特点。

双曲柄机构中，若两对边的长度相等但不平行，则称为反平行四边形机构，如图 6-8 所示。在反平行四边形机构中，主、从动曲柄转向相反、转速大小相同。例如，图 6-9 所示的车门启闭机构就是利用此机构两曲柄转向相反的运动特点，使两扇车门同时开启或关闭。

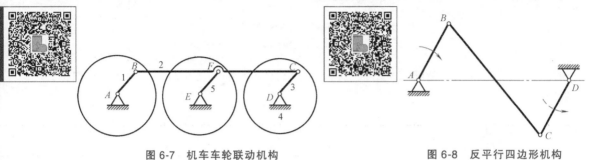

图 6-7　机车车轮联动机构　　　　　　　图 6-8　反平行四边形机构

3. 双摇杆机构

若铰链四杆机构中的两连架杆均为摇杆，则称为双摇杆机构，如图 6-2d 所示。图 6-10 所示的港口起重机就是利用两摇杆 *AB*、*CD* 的摆动，使得位于连杆上 *E* 点处的重物能沿近似水平直线运动。图 6-11 所示为运动训练器，座椅上的人可以利用手、脚协同施力于杆 1，从而带动杆 3 实现摇摆，达到健身的目的。

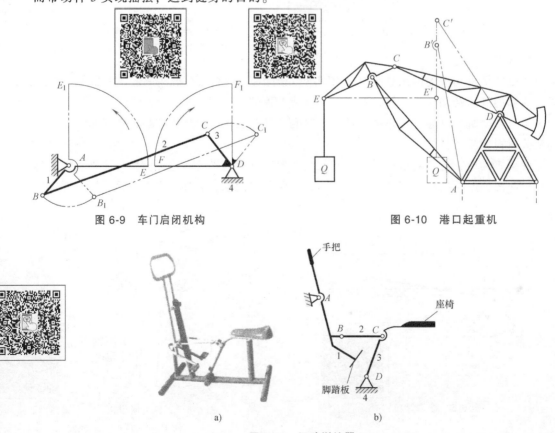

图 6-9　车门启闭机构　　　　　　　　图 6-10　港口起重机

图 6-11　运动训练器

6.2.2 平面四杆机构的演化

在工程实际中，除上述三种形式的铰链四杆机构以外，还广泛应用其他类型的四杆机构。这些四杆机构都可以看作是由铰链四杆机构采取不同的方法演化而来的，学习这些演化方法，对机构的创新设计非常有利。

1. 转动副演化成移动副

如图 6-12a 所示的曲柄摇杆机构，当曲柄 1 转动时，摇杆 3 上 *C* 点的轨迹是以 *CD* 为半径的圆弧 *mm*。若将摇杆 3 的长度增至无穷大，则 *C* 点的轨迹 *mm* 将变成直线，此时摇杆变成滑块，转动副 *D* 将演化成移动副，于是该铰链四杆机构演化成含有滑块的四杆机构，称此机构为曲柄滑块机构。

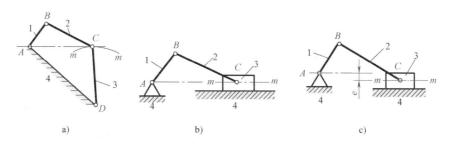

图 6-12 曲柄摇杆机构中的转动副演化为移动副（一）

a) 曲柄摇杆机构 b) 对心曲柄滑块机构 c) 偏置曲柄滑块机构

根据滑块导路是否通过曲柄转动中心 *A*，可将曲柄滑块机构分为对心曲柄滑块机构（图 6-12b）和具有偏心距 *e* 的偏置曲柄滑块机构（图 6-12c）。曲柄滑块机构广泛应用于内燃机、空气压缩机、压力机等机械中。

如图 6-13a 所示的曲柄滑块机构，当连杆 2 的长度增加至无穷大时，可再把连杆 2 做成滑块，连杆 2 和滑块 3 所组成的转动副 *C* 将变成移动副，这时机构演化为具有两个移动副的双滑块四杆机构，如图 6-13b 所示。由于从动件的位移 *s* 和曲柄转角 φ 的关系式为 $s = l_{AB}\sin\varphi$，因此该机构也称为正弦机构。这种机构常用于仪表和计算装置中。

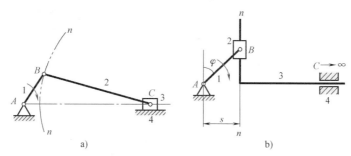

图 6-13 曲柄滑块机构中的转动副演化为移动副（二）

a) 曲柄滑块机构 b) 正弦机构

2. 选取不同的构件作为机架

在曲柄滑块机构中，若选取不同的构件作为机架或扩大转动副等，则可得到不同类型的四杆机构，如图 6-14 所示。

（1）导杆机构　在图6-14a所示的曲柄滑块机构中，若改取构件1作为机架，则可得如图6-14b所示的导杆机构。其中构件4为导杆，滑块3相对于导杆移动，并随导杆一起绕A点转动。当$l_1 < l_2$时，导杆4可做整周转动，称为转动导杆机构；当$l_1 > l_2$时，导杆4只能做往复摆动，称为摆动导杆机构。导杆机构常用于牛头刨床（图6-15）、插床等机械中。

（2）曲柄摇块机构　在图6-14a所示的曲柄滑块机构中，若改取构件2作为机架，则可得如图6-14c所示的曲柄摇块机构。这种机构广泛用于摆缸式内燃机和液压驱动装置等机械中。如图6-16所示的汽车起重机摆动式液压机构，起吊重物时缸筒中的液压油推动活塞运动，使起重臂绕A点沿顺时针方向转动，从而达到起吊重物的目的。

（3）移动导杆机构　若取图6-14a所示曲柄滑块机构中的构件3作为机架，则可得如图6-14d所示的移动导杆机构（或称为定块机构）。这种机构常用于手动抽水唧筒（图6-17）和抽油泵中。

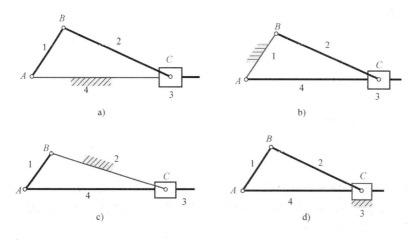

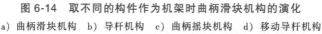

图6-14　取不同的构件作为机架时曲柄滑块机构的演化

a）曲柄滑块机构　b）导杆机构　c）曲柄摇块机构　d）移动导杆机构

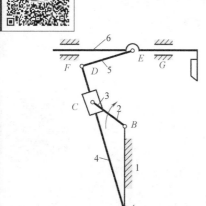

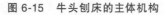

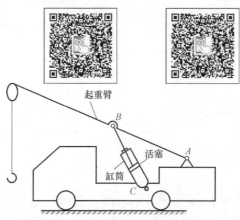

图6-15　牛头刨床的主体机构　　图6-16　汽车起重机摆动式液压机构　　图6-17　手动抽水唧筒

3. 扩大转动副的尺寸

在平面四杆机构中，若需曲柄长度很短，或者要求滑块行程较小（图6-18a），则可通

过扩大转动副 B，使其回转半径大于曲柄长度 AB，此时曲柄将变成了偏心圆盘，即得到如图 6-18b 所示的偏心轮机构。圆盘回转中心 A 与其几何中心 B 之间的距离 e 称为偏心距。偏心轮机构在传力较大的压力机、剪床、颚式破碎机等机械中得到了广泛应用。

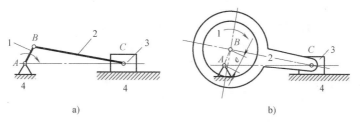

图 6-18 曲柄滑块机构演化为偏心轮机构

a）曲柄滑块机构 b）偏心轮机构

6.3 平面四杆机构的工作特性

平面四杆机构在传递运动和力时所显示的特性，是通过行程速比系数、压力角、传动角等参数反映出来的。它们是进行机构选型、分析与综合时需要考虑的重要因素。因此，需要研究上述参数的变化和取值。

6.3.1 铰链四杆机构有曲柄的条件

铰链四杆机构中存在曲柄的前提条件是其运动副中必须有整转副。下面以曲柄摇杆机构为例，来分析铰链四杆机构具有整转副的条件。如图 6-19 所示的曲柄摇杆机构，各杆长度分别用 a、b、c、d 表示，为使连架杆 AB 成为曲柄，转动副 A 应做整周转动，则

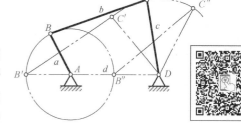

图 6-19 转动副为整转副的条件

AB 杆必须经过与机架共线的两个位置 AB' 和 AB''，可分别得到 $\triangle DB'C'$ 和 $\triangle DB''C''$。

由三角形的边长关系可知：在 $\triangle DB'C'$ 中有 $b+c \geqslant a+d$；在 $\triangle DB''C''$ 中有 $d-a+c \geqslant b$ 和 $d-a+b \geqslant c$。

对上述三式进行整理并两两相加可得

$$\left.\begin{array}{l} a+b \leqslant c+d \\ a+c \leqslant b+d \\ a+d \leqslant b+c \end{array}\right\} \quad 于是有 \ a \leqslant b, \ a \leqslant c, \ a \leqslant d$$

上式表明，机构中杆 AB 为最短杆，其余三根杆中有一杆为最长杆。

由上述分析可得，转动副 A 成为整转副的杆长条件为：最短杆与最长杆长度之和小于或等于其他两杆长度之和。这是铰链四杆机构中存在曲柄的必要条件。此外，其充分条件为：组成整转副的两杆之一必为最短杆。

在含有整转副的铰链四杆机构中，最短杆两端的转动副都为整转副。于是，四杆机构有曲柄的条件是各杆的长度应满足杆长条件，且其最短杆为连架杆或机架。若取最短杆为连架杆，则得到曲柄摇杆机构；若取最短杆为机架，则得到双曲柄机构；若取最短杆为连杆，则得到双摇杆机构。

不满足杆长条件的铰链四杆机构，无论取哪根杆件作为机架，都无曲柄存在，则该机构只能是双摇杆机构。

6.3.2 急回特性与行程速比系数

如图 6-20 所示的曲柄摇杆机构，主动曲柄转动一周，与连杆共线两次（即图中的 AB_1C_1、AB_2C_2），此时，摇杆 CD 分别位于 C_1D 和 C_2D 两个极限位置。摇杆两极限位置夹的夹角 ψ 称为摇杆的摆角，相对应的两曲柄间所夹的锐角 θ 称为极位夹角。

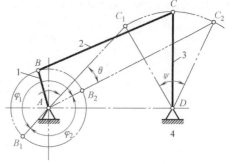

图 6-20 曲柄摇杆机构的急回特性

当主动曲柄由位置 AB_1 转到 AB_2 时，其转角 $\varphi_1 = 180° + \theta$，此时摇杆由左极限位置 C_1D 摆到右极限位置 C_2D，所需时间为 t_1；当曲柄继续沿顺时针方向转过 $\varphi_2 = 180° - \theta$ 回到 AB_1 时，摇杆从位置 C_2D 又摆回位置 C_1D，所需时间为 t_2。摇杆往复的摆角虽均为 ψ，但由于 $\varphi_1 > \varphi_2$，因此当曲柄以等角速度转过这两个角度时，对应的时间 $t_1 > t_2$，从动摇杆上 C 点往返的平均速度 $v_1 < v_2$，摇杆的这种运动特性称为急回特性。在往复工作的机械中，常利用机构的急回特性来缩短非生产时间，提高劳动生产率。

通常用行程速比系数 K 来衡量急回运动的相对程度，即

$$K = \frac{v_2}{v_1} = \frac{\overline{C_1C_2}/t_2}{\overline{C_1C_2}/t_1} = \frac{t_1}{t_2} = \frac{\varphi_1}{\varphi_2} = \frac{180° + \theta}{180° - \theta} \tag{6-1}$$

式（6-1）表明，机构的急回特性与极位夹角 θ 有关，θ 角越大，K 值越大，急回特性就越明显。

将式（6-1）整理后，可得极位夹角的计算式为

$$\theta = 180° \frac{K-1}{K+1} \tag{6-2}$$

机构设计时，通常根据机构的急回要求先定出 K 值，然后由式（6-2）计算极位夹角 θ。

除上述曲柄摇杆机构外，偏置曲柄滑块机构及摆动导杆机构也具有急回特性，其极位夹角 θ 如图 6-21 所示，机构分析方法同上。

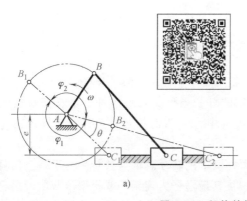 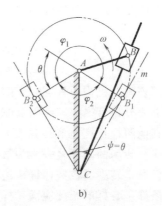

a)　　　　　　　　　　　b)

图 6-21 机构的极位夹角

a）偏置曲柄滑块机构　b）摆动导杆机构

6.3.3　压力角与传动角

设计平面四杆机构时，除了要实现运动要求，还应使机构具有良好的传力性能。

如图 6-22 所示的曲柄摇杆机构，若忽略运动副摩擦力、构件的重力和惯性力的影响，则连杆 2 是二力共线的构件，由主动曲柄 1 通过连杆 2 作用在摇杆 3 上的力 F 将与 BC 共线。从动摇杆所受力 F 的方向与受力点 C 的速度 v_C 方向之间所夹的锐角 α，称为机构在该位置的压力角。力 F 可分解为沿 v_C 方向的分力 F_t 和垂直于 v_C 方向的分力 F_n。$F_n = F\sin\alpha$ 将对运动副产生径向压力，增大了运动副的摩擦和磨损；而 $F_t = F\cos\alpha$ 则是推动从动摇杆运动的有效分力。很明显，α 越小，有效分力 F_t 越大，则机构传力性能越好。

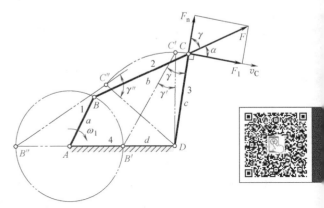

图 6-22　铰链四杆机构的压力角和传动角

压力角的余角 γ 称为传动角。在实际应用中，常用 γ 来判断机构的传力性能。因 $\gamma = 90° - \alpha$，γ 越大，对机构传动越有利，所以应限制传动角的最小值。设计中，通常应使 $\gamma_{min} \geqslant 40°$；对于大功率的传动机械，应使 $\gamma_{min} \geqslant 50°$。可以证明，对于曲柄摇杆机构，当主动曲柄与机架处于两个共线位置之一时，将出现最小传动角 γ_{min}，如图 6-22 所示的 γ' 和 γ'' 中的小者即为 γ_{min}。

6.3.4　死点位置

在如图 6-20 所示的曲柄摇杆机构中，设摇杆 CD 为主动件，在从动曲柄与连杆共线的两位置处，传动角 $\gamma = 0°$，该位置称为机构的死点位置。此时主动摇杆通过连杆作用于从动件 AB 上的力恰好通过其回转中心 A，所以将不能推动曲柄转动而出现"顶死"现象。

机构出现死点，对传动来说是不利的，应该采取相应的措施使机构顺利通过死点而正常运转。例如，可以通过在从动曲柄轴上安装飞轮，利用飞轮的惯性使机构通过死点，如图 6-4 所示的缝纫机踏板机构中的大带轮即兼有飞轮的作用；也可采用多组机构错位排列的办法，即将两组以上的机构组合起来，而使各组机构的死点位置相互错开来通过死点，如图 6-23 所示的蒸汽机车车轮联动机构。

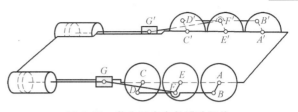

图 6-23　蒸汽机车车轮联动机构

为了实现特定的工作要求，工程上有时还利用机构的死点性质。如图 6-24 所示的飞机起落架机构，飞机着陆时，从动杆 CD 和连杆 BC 成一条直线，此时不管杆 AB 受多大的力，由于该力经 BC 传给杆 CD 的力均通过其回转中心 D，因此 CD 不会转动，机构处于死点位置，飞机可以安全着陆。如图 6-25 所示的工件夹紧机构，当在手柄上施以力 F 将工件夹紧后，连杆 BC 与连架杆 CD 成一条直线，机构在工件约束力 F_n 的作用下处于死点位置。这样，即使约束力 F_n 很大，也不会使工件松脱。

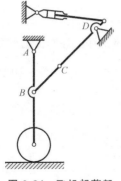

图 6-24　飞机起落架

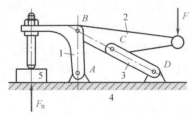

图 6-25　工件夹紧机构

6.3.5　连杆机构的运动连续性

在连杆机构中，当主动件连续运动时，从动件也能连续地占据预定的各个位置，称为机构具有运动的连续性。如图 6-26 所示的曲柄摇杆机构，当主动件 AB 连续转动时，从动件 CD 可以在其摆角 ψ 或 ψ' 内摆动到某一预定位置。

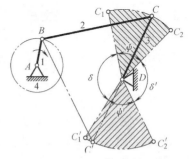

图 6-26　运动的连续性

由 ψ 或 ψ' 所决定的从动件运动范围称为运动的可行区域。由图 6-26 可知，从动摇杆不可能进入角度 δ 和 δ' 所限定的区域内，这个区域称为机构运动的非可行区域。这种运动的不连续一般称为错位不连续。还有一种情况，就是当主动件的转动方向发生变化时，从动件连续地占据几个给定位置的顺序也可能发生变化，这种不连续一般称为错序不连续。在设计四杆机构时，要注意避免错位和错序不连续的问题。

6.4　平面四杆机构的设计

平面连杆机构设计的主要任务，是根据给定运动条件选择合适的机构形式，并确定机构运动简图的尺寸参数。

连杆机构在工程实际中的应用非常广泛。根据工作中机械的用途和性能要求的不同，对机构设计的要求也各不相同，在设计中通常可归纳为以下三类问题：

（1）实现连杆给定位置的设计　在这类设计问题中，要求机构能引导连杆顺序地通过一系列预定位置，通常又称为刚体导引机构的设计。

（2）实现给定运动规律的设计　在这类设计问题中，要求机构的两个连架杆之间的运动关系能满足预定的函数关系，通常又称为函数生成机构的设计。例如，在图 6-9 所示的车门启闭机构中，两连架杆（即车门）的转角应满足大小相等、转向相反的运动关系。又如，图 6-15 所示的具有急回特性的牛头刨床的主体机构，其在工作中应满足给定的行程速比系数 K 的要求。

（3）实现给定运动轨迹的设计　例如，图 6-3 所示的搅拌器机构在工作中应保证连杆上

的 E 点按轨迹 $\beta\beta$ 曲线运动，通常又称为轨迹生成机构的设计。

平面连杆机构的设计方法有图解法、解析法和试验法。图解法直观，解析法精确，试验法简便。设计时采用哪种方法，应根据具体情况确定。

6.4.1　用图解法设计四杆机构

1. 按刚体导引机构设计四杆机构

在生产实践中，通常给定连杆的两个位置或三个位置来设计四杆机构。设计时，应满足连杆给定位置的要求。

如图 6-27 所示，设连杆在运动过程中依次占据的三个位置为 B_1C_1、B_2C_2 和 B_3C_3，试设计一铰链四杆机构，引导连杆实现这一给定的运动要求。

本设计的关键任务是定出固定铰链 A 和 D 的位置。由于连杆上的活动铰链 B、C 分别在以 A、D 为中心的圆弧上，故连接 B_1B_2、B_2B_3，并分别作它们的垂直平分线，其交点即为固定铰链 A 的位置；同理，可得另一固定铰链 D 的位置。连接 AB_1、C_1D，则 AB_1C_1D 即为所设计的四杆机构。

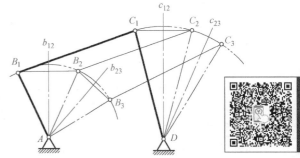

图 6-27　刚体导引机构的设计

由上述分析可知，给定连杆的三个位置时，可得唯一解。若只给定连杆的两个位置，则 A 和 D 可分别在 B_1B_2 和 C_1C_2 的垂直平分线上任意选择，故有无穷多解。设计时，若给出其他辅助条件（如机架尺寸、传动角大小等），则其解就是确定的。

2. 按函数生成机构设计四杆机构

函数生成机构的设计也就是通常所说的按两连架杆预定的对应位置设计四杆机构的一类命题。如图 6-28 所示，设已知四杆机构中机架 AD 的长度和连架杆 AB 的长度，要求两连架杆的转角能实现三组对应关系，即 AB_1、AB_2、AB_3 分别对应 DE_1、DE_2、DE_3。

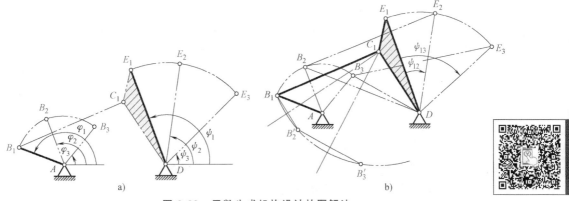

a)　　　　　　　　　　　　　　　　b)

图 6-28　函数生成机构设计的图解法

设计此四杆机构，实质上就是要求出连杆上活动铰链 C 的位置，从而定出连杆 BC 和摇杆 CD 的长度。

这一问题可以采用通过已知连杆的几个位置设计四杆机构的方法来解决。当任取四杆机构中的一个构件作为机架时，虽然机构的性质会有所不同，但各构件之间的运动关系并没有改变。因此，若把原机构中的连架杆 CD 取为机架，则另一连架杆 AB 就成了连杆，此时，两连架杆分别是 AD 和 BC。这样，问题的实质就转化成已知连杆位置的设计了。

为了求得铰链 C，连接 DB_2E_2 和 DB_3E_3 成三角形并将其刚化，再绕铰链 D 分别反转，使 DE_2 和 DE_3 都转到 DE_1 位置，则铰链 B 的位置点为 B'_2 和 B'_3。此时，连杆 AB 上铰链 B 的三个位置分别是 B'_1、B'_2 和 B'_3，连接 $B'_1B'_2$ 及 $B'_2B'_3$，并分别作这两条线段的垂直平分线，其交点即为所求的铰链 C，图中的 AB_1C_1D 即为所求四杆机构。

3. 按给定的行程速比系数设计四杆机构

用作图法设计具有急回特性的四杆机构时，可利用机构在极位时的几何关系，再结合其他辅助条件进行设计，从而分析得出设计的规律和方法。

如图 6-29 所示，已知曲柄摇杆机构的行程速比系数 K，摇杆长度 CD 及其摆角 ψ，试设计此四杆机构。

这类问题设计的关键是要确定出曲柄的回转中心 A。其设计方法如下：

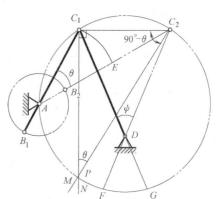

1）求极位夹角。按公式 $\theta = 180° \dfrac{K-1}{K+1}$ 求极位夹角。

2）任选固定铰链 D 的位置，由摇杆长度 CD 和摆角 ψ 作出摇杆的两个极限位置 C_1D 和 C_2D。

图 6-29　按 K 值设计曲柄摇杆机构

3）连接 C_1C_2，作 C_1N 垂直于 C_1C_2；然后作 $\angle C_1C_2M = 90°-\theta$，$C_1N$ 与 C_2M 相交于 P 点，则 $\angle C_1PC_2 = \theta$。

4）作 $\triangle PC_1C_2$ 的外接圆，在该圆上任取一点 A（$\overset{\frown}{C_1C_2}$ 和 $\overset{\frown}{FG}$ 除外）作为曲柄的回转中心。连接 AC_1、AC_2，则 $\angle C_1AC_2 = \angle C_1PC_2 = \theta$。

5）因 AC_1、AC_2 分别为曲柄与连杆重叠、拉直共线的位置，则

$$AC_1 = BC - AB, \quad AC_2 = AB + BC$$

$$AB = \frac{AC_2 - AC_1}{2}$$

$$BC = \frac{AC_2 + AC_1}{2}$$

设计时应注意，由于 A 点是在外接圆上任选的一点，因此有无穷多解。若给定其他辅助条件，如机架位置或最小传动角等，则可得唯一解。

对于具有急回特性的偏置曲柄滑块机构，可在已知滑块行程 S、偏心距 e 和行程速比系数 K 的情况下对其进行设计（图 6-30），设计方法与上述相似，作出外接圆后，可根据偏心距 e 确定曲柄回转中心 A 的位置。设计摆动导杆机构时，利用其极位夹角 θ 和导

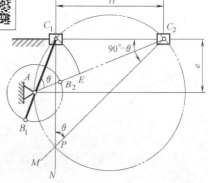

图 6-30　按 K 值设计偏置曲柄摇杆机构

杆的摆角 ψ 相等这一特点，来求取曲柄 AB 的尺寸（图 6-21b）。

6.4.2　用解析法设计四杆机构

用解析法设计平面四杆机构时，首先要建立机构待定尺寸参数与运动参数之间的解析关系式，然后再按给定条件求出未知尺寸参数。以下是用解析法设计四杆机构的几种情况。

1. 按预定两连架杆对应位置设计四杆机构

如图 6-31 所示，已知铰链四杆机构中两连架杆 AB 和 CD 的三组对应位置 φ_1、ψ_1，φ_2、ψ_2，φ_3、ψ_3。试设计此四杆机构。

建立如图 6-31 所示的坐标系，使 x 轴与机架重合，机构各构件用矢量表示，其转角从 x 轴正向沿逆时针方向度量。该四杆机构构成封闭矢量多边形，并将其投射到 x、y 轴上得

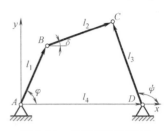

图 6-31　按预定两连架杆
对应位置设计四杆机构

$$l_1\cos\varphi + l_2\cos\delta = l_4 + l_3\cos\psi$$

$$l_1\sin\varphi + l_2\sin\delta = l_3\sin\psi$$

将 $l_1\cos\varphi$ 和 $l_1\sin\varphi$ 移到等式右边，再把两等式两边分别平方后相加，整理后得

$$\cos\varphi = \frac{l_4^2+l_3^2+l_1^2-l_2^2}{2l_1l_4} + \frac{l_3}{l_1}\cos\psi - \frac{l_3}{l_4}\cos(\psi-\varphi)$$

令

$$P_1 = \frac{l_3}{l_1}, \qquad P_2 = -\frac{l_3}{l_4}, \qquad P_3 = \frac{l_4^2+l_3^2+l_1^2-l_2^2}{2l_1l_4}$$

则上式可简化成

$$\cos\varphi = P_1\cos\psi + P_2\cos(\psi-\varphi) + P_3 \tag{6-3}$$

式（6-3）中含有 P_1、P_2、P_3 三个待定参数，则只需给定两连架杆转角的三组对应关系，即可求出 P_1、P_2、P_3，再根据结构条件选定曲柄长度 l_1 后，便可求得其他杆长 l_2、l_3 和 l_4。

如果给定两连架杆的两组对应位置，则与 ψ 对应的方程式只有两个，而待定尺寸参数却有三个，因此可得无穷多解；若所给定连架杆的位置超过三对，则可用试验法求得近似解。

2. 按预定的运动轨迹设计四杆机构

用解析法设计轨迹机构的关键是确定机构的各尺寸参数和连杆上描点 M 的位置，使 M 点的运动轨迹与给定的运动轨迹相符。为此，需要建立连杆上 M 点的位置方程，即连杆的曲线方程。

如图 6-32 所示，设在坐标系 Axy 中，描点 M 的坐标为 $(x，y)$，则该点的位置方程为

$$x = a\cos\varphi + e\sin\gamma_1$$

$$y = a\sin\varphi + e\cos\gamma_1$$

由四边形 $DCML$ 得到

$$x = d + c\cos\psi - f\sin\gamma_2$$

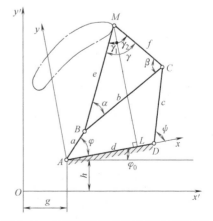

图 6-32　按预定的运动轨迹设计四杆机构

$$y = c\sin\psi + f\cos\gamma_2$$

将两组方程分别平方相加消去 φ 及 ψ 后可得

$$x^2 + y^2 + e^2 - a^2 = 2e(x\sin\gamma_1 + y\cos\gamma_1)$$

$$(d-x)^2 + y^2 + f^2 - c^2 = 2f[(d-x)\sin\gamma_2 + y\cos\gamma_2]$$

由 $\gamma_1 + \gamma_2 = \gamma$，可消去上述两式中的 γ_1 及 γ_2，求得连杆上 M 点的位置方程即连杆曲线方程为

$$U^2 + V^2 = W^2 \tag{6-4}$$

其中

$$U = f[(x-d)\cos\gamma + y\sin\gamma](x^2+y^2+e^2-a^2) - ex[(x-d)^2+y^2+f^2-c^2]$$

$$V = f[(x-d)\sin\gamma - y\cos\gamma](x^2+y^2+e^2-a^2) + ey[(x-d)^2+y^2+f^2-c^2] \tag{6-5}$$

$$W = 2efsin\gamma[x(x-d)+y^2-dy\cos\gamma]$$

式（6-5）中共有 6 个待定参数，则可在预定的轨迹中选取 6 个点，分别把其坐标值代入式（6-4）中得到 6 个方程，联立求解即可得到全部待定尺寸。设计时，为了使连杆曲线上的更多点与给定的轨迹重合，可再引入坐标系 $Ox'y'$（图 6-32），即引入了表示机架在 $Ox'y'$ 坐标系中位置的 3 个待定参数 x_A、y_A、φ_0，然后用坐标变换的方式将式（6-4）变换到坐标系 $Ox'y'$ 中，则可得到该坐标系中的连杆曲线方程

$$F(x', y', a, c, d, e, f, x_A, y_A, \gamma, \varphi_0) = 0 \tag{6-6}$$

式（6-6）中共有 9 个待定参数，表明机构连杆上的一点最多能精确地通过给定轨迹上的 9 个点，若把这 9 个点的坐标值代入式（6-6），即可得到相应的 9 个非线性方程，利用数值方法求解则可得待定的尺寸参数。

6.4.3　用试验法设计四杆机构

当运动要求比较复杂，需要满足的位置较多，特别是在按预定轨迹要求设计四杆机构的情况下，若采用试验法，有时会更简便。

1. 按两连架杆的多对对应位置设计四杆机构

如图 6-33 所示，已知两连架杆的多对对应转角，其关系为 $\varphi_i = f(\alpha_i)$，试设计该四杆机构。

设计时，先在一张纸上画出连架杆的若干给定位置和连杆相应的若干位置；然后在另一张透明纸上画出另一连架杆给定的对应位置；最后再将透明纸覆盖在前一张图上，凑得一个合乎要求的四杆机构。其设计步骤为：

1）如图 6-33a 所示，在一张纸上任选固定铰链 A，并按给定的角位移 α_i 作出连架杆的一系列位置线 AA_1，AA_2，…，AA_i，选择适

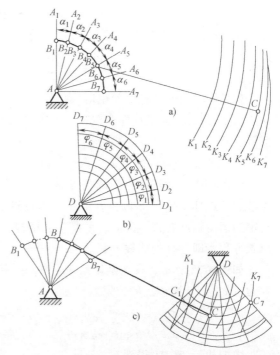

图 6-33　按两连架杆的多对对应
位置设计四杆机构

当的原动件长度 $\overline{AB}$，作圆弧与上述位置线的交点分别为 B_1，B_2，$\cdots$，B_i。再选取一适当的连杆长度 $\overline{BC}$ 作为半径，分别以 B_1，B_2，$\cdots$，B_i 为圆心，作圆弧 K_1，K_2，$\cdots$，K_i。

2）如图 6-33b 所示，在一张透明纸上任选固定铰链 D，并按给定的角位移 φ_i 作出另一连架杆的一系列位置线 DD_1，DD_2，$\cdots$，DD_i，再以 D 为中心，作一系列不同半径的同心圆弧。

3）如图 6-33c 所示，将透明纸覆盖在第一张图上进行试凑，使圆弧 K_1，K_2，$\cdots$，K_i 和连架杆对应的位置 DD_1，DD_2，$\cdots$，DD_i 的交点 C_1，C_2，$\cdots$，C_i 均落在以 D 为圆心的同一圆弧上，D 点即为另一固定铰链的位置，则图形 $ABCD$ 即为所求四杆机构。

若试凑不到 C 点，可重新选定原动件 AB 和连杆 BC 的长度，再重复上述设计步骤，直至满足要求为止。

2. 按给定的运动轨迹设计四杆机构

如图 6-34 所示，已知原动件 AB 的长度及其回转中心 A、连杆上描点 M 的位置及其轨迹 mm，试设计四杆机构。

在连杆上的 M 点沿预定的轨迹运动时，连杆分支上的其他各点 C、C'、C''……也将描出各自的连杆曲线，从这些轨迹中寻找一种近似于圆弧的轨迹，则此圆弧曲线的曲率中心即为另一固定铰链 D，则图形 $ABCD$ 即为所求四杆机构。

除试验法外，还可利用连杆曲线图谱进行设计。连杆曲线是多样的，它的形状随点在连杆上的位置和各杆相对尺寸的不同而变化。例如，图 6-35 所示为连杆曲线图谱中的一张，图中取原动件 AB 的长度 l_1 等于 1，其他各构件的长度为相对长度。

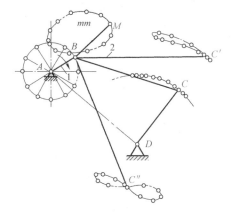

图 6-34 按给定的运动轨迹设计四杆机构

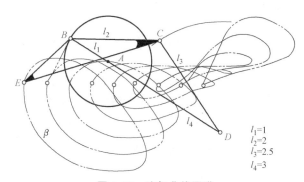

图 6-35 连杆曲线图谱

运用连杆曲线图谱设计给定运动轨迹的四杆机构时，先从图谱中查出形状与要求实现的轨迹相似的连杆曲线，并从中获得各构件的相对长度；然后用缩放仪求出图谱中连杆曲线与给定运动轨迹之间相差的倍数，再用各构件的相对长度乘以此倍数，即可求出四杆机构中各构件的实际尺寸；最后，由连杆曲线上的小圆圈与铰链 B、C 的相对位置，即可确定所给轨迹点在连杆上的位置。

6.5 多杆机构

四杆机构因结构简单、设计方便而得到了广泛应用，但对于工程实际中的一些复杂问题，则往往需要使用多杆机构。多杆机构相对于四杆机构主要可以达到以下目的：

（1）可获得较大的机械增益　机构输出力矩（或力）与输入力矩（或力）的比值称为机械增益。利用多杆机构，可以获得较大的机械增益，从而达到增力的目的。

如图 6-36 所示的肘杆机构，图中 *DCE* 的构型如同人的肘关节一样，在图示位置时机构具有较大的传动角，故可获得较大的机械增益，产生增力效果。该机构常用于破碎机、压力机等机械中。

（2）改变从动件的运动特性　对于有急回特性的机构，如刨床、插床及插齿机等，其工作行程一般要求匀速运动，用一般的四杆机构可以满足急回特性，但其工作行程的等速性能不能得到保证，而用多杆机构则可得以改善。如图 6-37 所示的插齿机主传动机构就采用了一个六杆机构，使插刀在工作行程中得到近似匀速运动。

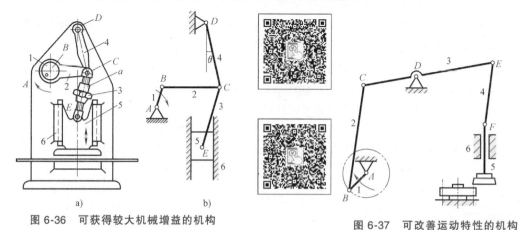

图 6-36　可获得较大机械增益的机构

图 6-37　可改善运动特性的机构

（3）调节、扩大从动件的行程　图 6-38 所示为一物料推送机构，采用六杆机构可使滑块 5 的行程得到扩大。

（4）可实现从动件带停歇的运动　工程上有一些机械要求在原动件连续运动的过程中，其从动件能实现一段时间的停歇，而整个运动还应保持连续平稳，利用多杆机构能较好地满足这一要求。如图 6-39 所示的六杆机构，*ABCD* 为一曲柄摇杆机构，连杆 2 上 *E* 点的连杆曲线为一腰子形，该曲线上的 $\overset{\frown}{\alpha\alpha}$ 和 $\overset{\frown}{\beta\beta}$ 近似为圆弧（其半径相等），圆心分别为 *F* 点和 *F'* 点。构件 4 的长度与圆弧的曲率半径相等，即当点 *E* 在 $\overset{\frown}{\alpha\alpha}$ 和 $\overset{\frown}{\beta\beta}$ 上运动时，从动件 5 将处于近似停歇的状态。

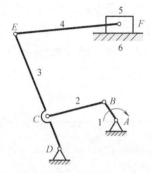

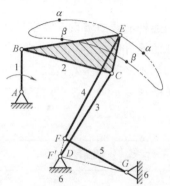

图 6-38　可扩大从动件行程的机构

图 6-39　具有停歇运动的六杆机构

（5）可实现特定要求下的平面导引　由于多杆机构的尺度参数较多，因此它可以满足更为复杂的或实现更加精确的运动规律要求和轨迹要求。

 习题与思考题

6-1　平面四杆机构分为哪些基本类型？举例说明它们在机械中的应用。

6-2　什么是机构的急回特性？机构具有急回特性的条件是什么？

6-3　什么是机构的压力角和传动角？其值对机构传力性能有何影响？为什么？

6-4　四杆机构存在死点的条件是什么？举例说明生产实际中是如何克服和利用死点位置的。

6-5　已知图 6-40 所示铰链四杆机构各构件的长度 $a=120\text{mm}$，$b=300\text{mm}$，$c=200\text{mm}$，$d=250\text{mm}$。试问：当取杆 4 作为机架时，是否有曲柄存在？若分别取杆 1、2、3 作为机架，则该机构为何种类型？若将 a 改为 160mm，其余尺寸不变，结果又将怎样？

6-6　当图 6-41 所示的摆动导杆机构以曲柄为原动件时，试分析并分别作出该机构的极限位置和极位夹角 θ。

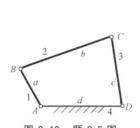

图 6-40　题 6-5 图

图 6-41　题 6-6 图

6-7　图 6-42 所示为一偏置曲柄滑块机构，若已知 $l_{AB}=20\text{mm}$，$l_{BC}=40\text{mm}$，$e=10\text{mm}$，试用作图法求出此机构的极位夹角 θ、行程速比系数 K、行程 S，并标出图示位置的传动角 γ。

6-8　图 6-43 所示为脚踏轧棉机上的曲柄摇杆机构。要求踏板 CD 在水平位置上下各摆 $10°$，且 $l_{CD}=500\text{mm}$，$l_{AD}=1000\text{mm}$。试用图解法求曲柄 AB 和连杆 BC 的长度。

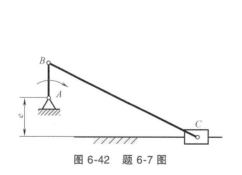

图 6-42　题 6-7 图

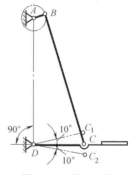

图 6-43　题 6-8 图

6-9 试设计一铰链四杆机构作为加热炉炉门的启闭机构。已知炉门上两活动铰链的中心距为 500mm，炉门打开后，门面水平向上，设固定铰链装在 $y-y$ 线上，相关尺寸如图 6-44 所示。

6-10 图 6-45 所示为一曲柄摇杆机构，已知机架长度 $l_{AD} = 70$mm，摇杆长度 $l_{CD} = 55$mm，摇杆左极限位置 C_1D 与机架 AD 之间的夹角为 45°，行程速比系数 $K = 1.4$。试用图解法确定摇杆的右极限位置 C_2D、曲柄长度 l_{AB} 和连杆长度 l_{BC}、机构最小传动角 γ_{min}。

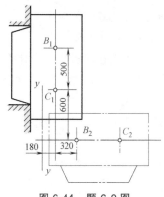

图 6-44 题 6-9 图

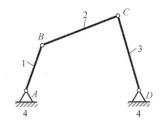

图 6-45 题 6-10 图

6-11 如图 6-46 所示，要求四杆机构中两连架杆的三组对应位置分别为 $\varphi_1 = 35°$、$\psi_1 = 50°$，$\varphi_2 = 80°$、$\psi_2 = 75°$，$\varphi_3 = 125°$、$\psi_3 = 105°$。试用解析法设计此四杆机构。

6-12 图 6-47 所示为一铰链四杆机构的夹紧机构。已知连杆长度 $l_{BC} = 40$mm 及其所在的两个位置。其中 B_1C_1 处于水平位置；B_2C_2 为机构处于死点的位置，此时原动件 AB 处于铅垂位置。试设计此夹紧机构。

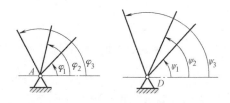

图 6-46 题 6-11 图

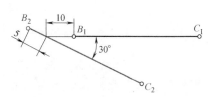

图 6-47 题 6-12 图

6-13 图 6-48 所示为一已知的曲柄摇杆机构，现要求用一连杆将 CD 与滑块 F 连接起来，使摇杆的三个位置 C_1D、C_2D、C_3D 和滑块的三个位置 F_1、F_2、F_3 相对应（图示尺寸是按比例绘制的）。试确定此连杆的长度及其与摇杆 CD 铰接点的位置。

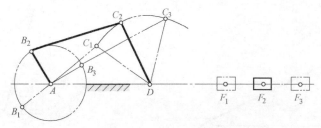

图 6-48 题 6-13 图

第7章

凸轮机构及其设计

7.1 凸轮机构的应用和分类

7.1.1 凸轮机构的应用

凸轮机构是由具有曲线轮廓或凹槽的构件,通过高副接触带动从动件实现预期运动规律的传动机构。它是由凸轮、推杆和机架三个基本构件组成的高副机构,广泛应用于各种机械,特别是自动机械、自动控制装置和装配生产线中。

图 7-1 所示为内燃机的配气机构,凸轮 1 等速回转时,其轮廓驱动从动件气阀 2 有规律地开启或关闭(关闭是借助弹簧的作用),从而实现进气或排气控制。

图 7-2 所示为自动机床的进刀机构,当具有凹槽的圆柱凸轮 1 等速回转时,曲线凹槽的侧面通过滚子使从动件 2 做往复摆动,从而控制刀架 3 的进刀和退刀运动。

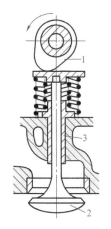

图 7-1 内燃机配气机构

1—凸轮 2—气阀 3—机架

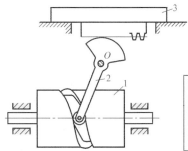

图 7-2 自动机床的进刀机构

1—圆柱凸轮 2—从动件 3—刀架

凸轮机构结构简单,设计方便,只要设计适当的凸轮轮廓,便可以使从动件实现各种预期的运动规律。其缺点是凸轮轮廓与从动件之间为点、线接触,容易磨损,通常多用于传力不大的控制机构中,如自动机床进刀机构、上料机构,以及纺织机、印刷机及各种电气开关中的凸轮机构。

7.1.2 凸轮机构的分类

工程实际中所使用的凸轮机构形式多种多样，常用的分类方法有以下几种。

1. 按凸轮的形状分类

（1）盘形凸轮　如图7-1所示，盘形凸轮为具有变化向径的盘形构件。当它绕固定轴转动时，可推动从动件在垂直于凸轮转轴的平面内运动。它是最基本的凸轮形式，其结构简单，应用广泛。

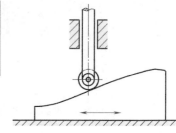

（2）移动凸轮　当盘形凸轮的回转轴心位于无穷远处时，就演化成了图7-3所示的凸轮，这种凸轮称为移动凸轮。移动凸轮呈板状，可相对于机架做往复直线移动。

（3）圆柱凸轮　如图7-2所示，凸轮的轮廓曲线做在圆柱体上，可看作是将移动凸轮卷成圆柱体形成的，可用于推杆行程较大的场合。

图7-3　移动凸轮机构

在盘状凸轮和移动凸轮机构中，凸轮和从动件之间的相对运动均为平面运动，故又统称为平面凸轮机构。而在圆柱凸轮机构中，凸轮与从动件之间的运动不在同一平面内，故它属于空间凸轮机构。

2. 按从动件的形式分类

（1）尖端从动件　如图7-4a所示，从动件尖端能与任意复杂形式的凸轮轮廓保持接触，使从动件实现任意预期的运动。但由于是点接触，尖端处易磨损，因此只适用于传力不大的低速场合。

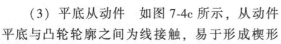

（2）滚子从动件　如图7-4b所示，为克服尖端从动件的缺点，在从动件的尖端安装一个滚子，这样滑动摩擦就变为滚动摩擦，磨损减小，可以承受较大的载荷，是从动件中最常见的一种形式。但其头部结构复杂，质量较大，不易润滑，故不宜用于高速场合。

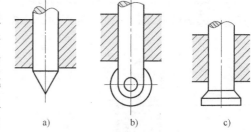

a)　　　　　　b)　　　　　　c)

图7-4　常用从动件的类型

a）尖端从动件　b）滚子从动件　c）平底从动件

（3）平底从动件　如图7-4c所示，从动件平底与凸轮轮廓之间为线接触，易于形成楔形油膜，润滑状况好。此外，在不计摩擦时，凸轮对从动件的作用力始终垂直于从动件的底边，受力平稳，常用于高速场合。其缺点是与从动件相配的凸轮轮廓必须全部为外凸形状。

3. 按从动件的运动形式分类

（1）直动从动件　从动件做往复直线移动，如图7-1所示。若从动件移动导路通过盘形凸轮的回转中心，则称其为对心直动从动件，否则称为偏置直动从动件。

（2）摆动从动件　从动件做往复摆动，如图7-2所示。

4. 按锁合方式分类

使凸轮轮廓与从动件始终保持接触，即为锁合。锁合的方式有以下两种：

（1）力锁合　靠重力、弹簧力或其他外力使从动件与凸轮轮廓始终保持接触。例如，

图 7-1 所示的凸轮机构是靠弹簧力锁合的。

（2）几何锁合 靠凸轮和从动件的特殊几何形状使从动件与凸轮轮廓始终保持接触。例如，由于图 7-2 所示圆柱凸轮的凹槽两侧面间的距离处处等于滚子的直径，故能保证凹槽中的滚子与凸轮始终接触，从而实现锁合。

7.2 从动件的运动规律

从动件的运动规律是指其运动参数（位移、速度、加速度）随时间变化的规律，它决定了凸轮的轮廓曲线。因此，设计凸轮机构时，先要根据从动件的工作要求和使用场合确定其运动规律，再根据这一运动规律设计凸轮的轮廓曲线。

7.2.1 凸轮机构的运动循环和基本概念

图 7-5a 所示为尖端直动从动件盘形凸轮机构，以凸轮轮廓的最小向径 r_0 为半径所作的圆

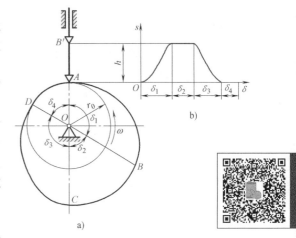

称为基圆，r_0 称为基圆半径。当从动件的尖端与凸轮轮廓上的 A 点（基圆与从动件的连接点）接触时，离凸轮的转动中心最近，即为从动件的起始位置。当凸轮以角速度 ω 沿逆时针方向转过角度 δ_1 时，从动件的尖端与凸轮轮廓上的 B 点接触，从动件由最低位置被推到距凸轮回转中心最远的位置，这一过程称为推程，从动件上升的最大距离 h 称为升距，相应的凸轮转角 δ_1 称为推程运动角。当凸轮继续回转角度 δ_2 时，从动件的尖端和凸轮上以 OB 为半径的 BC 段圆弧接触，则从动件在最远位置静止不动，这一过程称为远休，相应的凸轮转角 δ_2 称为远休止角。当凸轮再继续回转角度 δ_3 时，从动件与凸轮廓线上的 CD 段接触，在弹簧力或重力的作用下，从动件由最高位置又回落到最低位置，这一过程称为回程，相应的凸轮转角 δ_3 称为回程运动角。最后，当凸轮继续回转角度 δ_4 时，从动件与凸轮上以 r_0 为半径的 DA 段圆弧接触，从动件在最近位置静止不动，这一过程称为近休，相应的凸轮转角 δ_4 称为近休止角。凸轮继续转动时，从动件又重复上述运动。

由于凸轮一般以等角速度 ω 回转，其转角 δ 与时间 t 成正比，即 $\delta = \omega t$。因此，从动件的位移 s、速度 v、加速度 a 随时间 t 的运动规律，也可用从动件的上述运动参数随凸轮转角 δ 的变化规律来表示，图 7-5b 所示即为从动件的位移随凸轮转角变化的运动线图，它称为从动件的位移线图。

由以上分析可知，从动件的位移线图取决于凸轮轮廓曲线的形状，也就是说，从动件的不同运动规律要求凸轮具有不同的轮廓曲线。因此在设计凸轮时，首先应根据工作要求确定从动件的运动规律。

7.2.2 从动件常用的运动规律

1. 等速运动规律

从动件在推程或回程运动时，其速度保持不变。设凸轮以等角速度 ω 回转，在推程时，

图 7-5 尖端直动从动件盘形凸轮机构

凸轮的转角为 δ_1，从动件的升距为 h，则从动件的运动方程为

$$\left.\begin{array}{l} s=\dfrac{h}{\delta_1}\delta \\[2mm] v=\dfrac{h}{\delta_1}\omega \\[2mm] a=0 \end{array}\right\} \quad (7\text{-}1)$$

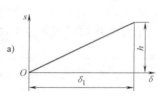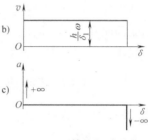

从动件的运动线图如图 7-6 所示。

回程时，凸轮转角为 δ_3，从动件的相应位移由 h 逐渐减小到零。参照式（7-1），可得回程从动件的运动方程为

$$\left.\begin{array}{l} s=h\left(1-\dfrac{\delta}{\delta_3}\right) \\[2mm] v=-\dfrac{h}{\delta_3}\omega \\[2mm] a=0 \end{array}\right\} \quad (7\text{-}2)$$

图 7-6 等速运动规律

由图 7-6 所示的运动规律可知，在从动件运动开始和终止的瞬时，因速度有突变，故瞬时加速度及所产生的惯性力理论上均为无穷大，导致机构产生了强烈的冲击，这种冲击称为刚性冲击。刚性冲击会引起机械的振动，加速凸轮的磨损，损坏构件。因此，这种运动规律常用于低速、从动件质量不大或从动件要求做等速运动的场合。

2. 等加速等减速运动规律

从动件在一个行程中，前半程做等加速运动，后半程做等减速运动，加速度的大小相等但方向相反。此时，从动件在等加速等减速两个运动阶段的位移也相等，各为 $h/2$。从动件等加速段推程时的运动方程为

$$\left.\begin{array}{l} s=\dfrac{2h}{\delta_1^2}\delta^2 \\[2mm] v=\dfrac{4h\omega}{\delta_1^2}\delta \\[2mm] a=\dfrac{4h}{\delta_1^2}\omega^2 \end{array}\right\} \quad (7\text{-}3)$$

根据位移曲线的对称性，相应等减速段推程时的运动方程为

$$\left.\begin{array}{l} s=h-\dfrac{2h}{\delta_1^2}(\delta_1-\delta)^2 \\[2mm] v=\dfrac{4h\omega}{\delta_1^2}(\delta_1-\delta) \\[2mm] a=-\dfrac{4h}{\delta_1^2}\omega^2 \end{array}\right\} \quad (7\text{-}4)$$

其运动线图如图 7-7 所示。从图中可见，速度曲线是连续的，不会出现刚性冲击。但在

运动的开始、中间和终止位置，加速度存在有限值的突变，会引起惯性力的相应变化，导致机构产生柔性冲击。因此，这种运动规律只适用于中速运动场合。

3. 简谐运动规律

当质点在圆周上做匀速运动时，其在该圆直径上的投影所构成的运动称为简谐运动。当从动件按简谐运动规律运动时，其加速度曲线为余弦曲线，故又称为余弦加速度运动规律。从动件推程时的运动方程为

$$\left.\begin{array}{l}s=\dfrac{h}{2}\left[1-\cos\left(\dfrac{\pi}{\delta_1}\delta\right)\right]\\[2mm]v=\dfrac{\pi h\omega}{2\delta_1}\sin\left(\dfrac{\pi}{\delta_1}\delta\right)\\[2mm]a=\dfrac{\pi^2 h\omega^2}{2\delta_1^2}\cos\left(\dfrac{\pi}{\delta_1}\delta\right)\end{array}\right\}\qquad(7\text{-}5)$$

从动件的运动线图如图 7-8 所示。由于速度曲线连续，故不会产生刚性冲击。但在运动的开始、终止位置从动件的加速度会发生有限突变，因此也会产生柔性冲击。当从动件做连续往复运动时，加速度曲线变为连续曲线，从而可避免柔性冲击。这种运动规律适用于中速运动场合。

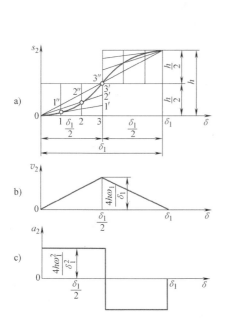

图 7-7 等加速等减速运动规律

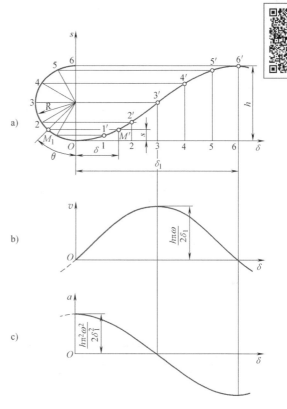

图 7-8 简谐运动规律

4. 摆线运动规律

当滚子沿纵坐标轴做匀速纯滚动时，圆周上任一点的轨迹为一摆线，此时，该点在纵坐

标轴上的投影随时间变化的规律称为摆线运动规律。当从动件按摆线运动规律运动时，其加速度曲线为正弦曲线，故又称正弦加速度运动规律。从动件推程时的位移方程为

$$s = h\left[\frac{\delta}{\delta_1} - \frac{1}{2\pi}\sin\left(\frac{2\pi}{\delta_1}\delta\right)\right]$$

$$v = \frac{h\omega}{\delta_1}\left[1 - \cos\left(\frac{2\pi}{\delta_1}\delta\right)\right] \quad (7\text{-}6)$$

$$a = \frac{2\pi h\omega^2}{\delta_1^2}\sin\left(\frac{2\pi}{\delta_1}\delta\right)$$

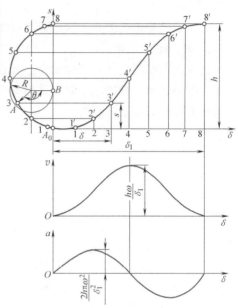

其运动线图如图 7-9 所示。由图可见，这种运动规律的速度和加速度都是连续变化的，故没有刚性和柔性冲击，适用于高速运动场合。

图 7-9　摆线运动规律

7.2.3　从动件运动规律的组合和选择

1. 运动规律的组合

以上介绍的几种运动规律是较常用的。根据工作要求，还可以选择其他类型的运动规律或将几种常用运动规律组合使用，以改善从动件的运动特性。例如，在从动件需要遵循等速运动规律又要避免刚性冲击时，为了同时满足从动件等速运动及加速度不发生突变的要求，需对等速运动规律加以适当修正。工程上，常在速度、加速度有突变的地方（行程的起始和终止位置），用摆线运动规律对从动件的等速运动规律加以修正，使加速度始终保持连续变化，以改善其运动性能。例如，图 7-10 所示的组合运动线图便是由等速和正弦加速度两种运动规律组合而成的，它既保持了从动件工作时所需要的等速运动，又可以避免机构在起始位置和终止位置产生刚性冲击。

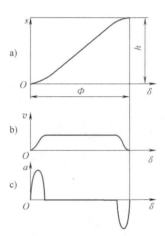

图 7-10　组合运动规律

使用组合运动规律时应注意以下几个方面：

1）应满足工作对从动件特殊的运动要求。

2）组合运动规律的位移、速度曲线（包括起始和终止位置点）必须连续，以避免产生刚性冲击；对于中、高速凸轮机构还应当避免产生柔性冲击，这就要求其加速度曲线（包括起始和终止位置点）也必须是连续的。

3）组合运动规律的运动线图在各段运动规律的连接点处其值应分别相等，这是保证组合运动规律时应满足的边界条件。

4）在满足上述条件的前提下，还应使最大速度 $v_{\max}$ 和最大加速度 $a_{\max}$ 的值尽可能小。因为 $v_{\max}$ 越大，动量越大；$a_{\max}$ 越大，惯性力越大。过大的动量，会使从动件起动和停止时产生较大的冲击；过大的惯性力则会引起动压力，对机械零件的强度和运动副的磨损都有较大的影响，在设计时必须综合考虑。

2. 运动规律的选择

为了在选择运动规律时方便比较，现将一些常用运动规律的速度 v、加速度 a 和跃度 j（加速度对时间的导数）的最大值列于表 7-1 中。

表 7-1 从动件常用运动规律特性比较及适用场合

运动规律	冲击性质	$v_{\max}(h\omega/\delta_1)$	$a_{\max}(h\omega^2/\delta_1^2)$	$j_{\max}(h\omega^3/\delta_1^3)$	适用场合
等速运动	刚性	1.00	∞	—	低速轻载
等加速等减速	柔性	2.00	4.00	∞	中速轻载
余弦加速度	柔性	1.57	4.93	∞	中速中载
正弦加速度	无	2.00	6.28	39.5	高速轻载
五次多项式	无	1.88	5.77	60.0	高速中载

7.3 凸轮轮廓曲线的设计

根据使用场合和工作要求选定凸轮机构的类型、从动件的运动规律及基圆半径后，就可以进行凸轮轮廓曲线（简称廓线）的设计了。凸轮轮廓曲线的设计方法有图解法和解析法。无论采用哪种方法，其依据的设计原理都是相同的。

7.3.1 凸轮廓线设计方法的基本原理

凸轮机构工作时，凸轮是运动的，而绘制凸轮廓线时却要求凸轮相对图样保持静止不动，因此可以采用反转法。反转法的原理是给整个机构施加一个反向运动，且各构件之间的相对运动不变。

如图 7-11 所示，已知凸轮以等角速度 ω 沿逆时针方向回转，推动从动件沿导路做往复移动。当从动件处于最低位置时，凸轮廓线与从动件尖端在 A 点接触，当凸轮转过 δ 角时，凸轮的向径 OA 转到 OA' 位置，凸轮轮廓转到虚线的位置，从动件尖端由最低点 A 上升到 B'，上升的距离 $s_1 = AB'$。这是凸轮转动时从动件的真实运动情况。

根据相对运动原理，给整个机构加上一个公共角速度 $-\omega$，各构件的相对运动不变。这时凸轮固定不动，从动件一方面随导路一起以角速度 ω 沿顺时针方向转动，一方面又在导路中做相对移动，当反转同样的 δ 角时，从动件及导路将处于图中双点画线的位置。显

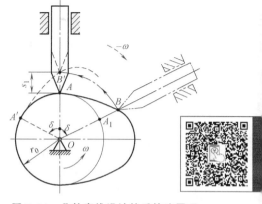

图 7-11 凸轮廓线设计的反转法原理

然，$AB' = A_1B = s_1$，由于从动件的尖端始终与凸轮轮廓接触，故此时从动件尖端所占据的位

置 B 一定是凸轮廓线上的点。可以作出从动件在反转过程中的一系列位置，其尖端的运动轨迹即为凸轮轮廓曲线。

凸轮机构的类型很多，反转法原理适用于各种凸轮轮廓曲线的设计。

7.3.2 用图解法设计凸轮廓线

1. 直动从动件盘形凸轮廓线的设计

（1）尖端从动件 图 7-12a 所示为偏置直动尖端从动件盘形凸轮机构，已知凸轮基圆半径 r_0、偏距 e，凸轮以等角速度 ω 沿顺时针方向转动，从动件的位移线图如图 7-12b 所示。试设计凸轮的轮廓曲线。

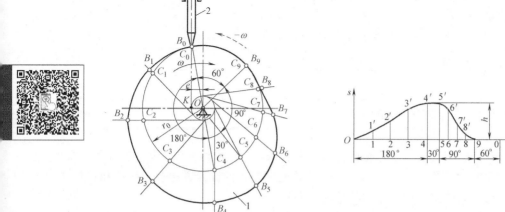

a)   b)

图 7-12 偏置直动尖端从动件盘形凸轮机构设计

根据反转法原理，其作图步骤如下：

1）选取适当的比例尺，由从动件的运动规律作出其位移线图，并将位移线图上的推程运动角和回程运动角分别分成若干等份。

2）选取与位移线图相同的比例尺，以 r_0 为半径作凸轮的基圆，以 e 为半径作偏距圆，再根据从动件的偏置方向作出从动件的导路位置线，与偏距圆相切于 K 点，其与基圆的交点 B_0 为从动件的初始位置。

3）在基圆上，自 OC_0 开始沿与 ω 相反的方向，依次取推程运动角 $180°$、远休止角 $30°$、回程运动角 $90°$、近休止角 $60°$，并将推程运动角和回程运动角分成与图 7-12b 所示相应的等份，得到若干个等分点 C_1、C_2…。过各等分点作偏距圆的切线，这些切线即是从动件反转过程中所占据的位置线。

4）沿上述切线自基圆开始量取从动件在各位置上的位移量，即取线段 $C_1B_1 = 11'$、$C_2B_2 = 22'$…，得从动件反转后其尖端所占据的一系列位置 B_1、B_2、…、B_9。

5）将 B_0、B_1、B_2、…、B_9 连接成光滑的曲线（在 B_4 和 B_5 之间以及 B_9 和 B_0 之间是以 O 为中心的圆弧），便得到所求的凸轮轮廓曲线。

（2）滚子从动件 图 7-13 所示为偏置直动滚子从动件盘形凸轮机构，其设计步骤如下：

1）将滚子中心看作尖端从动件的尖端，按上述尖端从动件凸轮廓线设计方法求出理论轮廓曲线 η，这条曲线是反转过程中滚子中心的运动轨迹，称其为理论廓线。

2）以理论廓线上的各点为中心，以滚子半径为半径作一系列圆，最后作这些滚子圆的内包络线 η'，它就是滚子从动件凸轮的实际廓线。

由上述作图过程可知，在滚子从动件盘形凸轮机构设计中，r_0 是理论廓线的基圆半径；凸轮的实际廓线和理论廓线是两条等距法向曲线，其距离为滚子半径。

（3）平底从动件　如图7-14所示，当从动件的端部为平底时，凸轮实际轮廓曲线的设计方法与上述方法相似，其设计步骤为：

1）先取平底与导路的交点 B_0 作为从动件的尖端，按照尖端从动件凸轮廓线的绘制方法，求出尖端反转后的一系列位置点 B_1、B_2、B_3、…、B_8。

2）过点 B_1、B_2、…、B_8 作出一系列平底，得到一直线簇，此即从动件在反转过程中平底依次占据的位置。

3）作该直线簇的包络线，即可得到凸轮的实际轮廓曲线。

由于平底和实际廓线相切的点是变化的，为了保证在任何位置平底都能与轮廓曲线相切，平底要有足够的宽度，其左右两侧的宽度应分别大于导路至最远切点的距离 m 和 l。

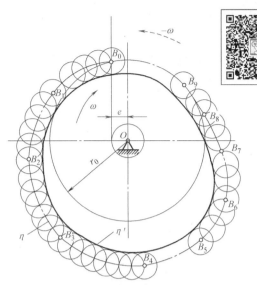

图7-13　偏置直动滚子从动件盘形凸轮机构设计

2. 摆动从动件盘形凸轮廓线的设计

图7-15a所示为摆动从动件盘形凸轮机构，已知尖端从动件摆杆的运动规律，凸轮以等角速度 ω 沿逆时针方向转动，推程时摆杆与凸轮的转向相反，凸轮的基圆半径为 r_0，凸轮与摆动从动件的中心距为 l_{OA}，从动件长度为 l_{AB}。要求绘出此凸轮的轮廓曲线。

此机构在反转运动中，从动件一方面随机架以等角速度 ω 沿顺时针方向转动，另一方面又绕 A 点摆动。这种凸轮轮廓曲线的设计步骤为：

1）选取适当的比例尺，由从动件的运动规律作出其角位移线图，并将线图中的推程运动角和回程运动角分别分成若干等份，如图7-15b所示。

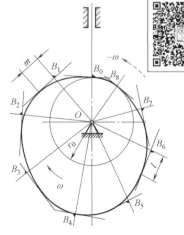

图7-14　平底从动件盘形凸轮机构设计

2）根据给定的中心距 l_{OA}，定出两转动中心 O、A_0 的位置。以 O 为圆心，以 r_0 为半径作基圆；再以 A_0 为圆心，以 l_{AB} 为半径作圆弧交基圆于 B_0，该点即为从动件尖端的起始位置，其初始角为 ψ_0。

3）以 O 点为圆心、OA_0 为半径画圆，并沿 $-\omega$ 方向取角度175°、150°、35°，再将推程运动角和回程运动角分成与角位移线图对应的等份，得 A_1、A_2、A_3、…、A_8，这些点便是从动件摆动中心反转后的一系列位置。

4）由角位移线图可以得出从动件摆角 ψ 在不同位置的数值，据此可以作出 $\angle OA_1B_1 = \psi_0+\psi_1$、$\angle OA_2B_2 = \psi_0+\psi_2$、$\angle OA_3B_3 = \psi_0+\psi_3 \cdots$，即可得从动件摆动从反转后相对于机架的一系列位置 A_1B_1、A_2B_2、A_3B_3、$\cdots$、A_8B_8。点 B_1、B_2、B_3、$\cdots$、B_8 即为从动件尖端的运动轨迹。

5）将点 B_1、B_2、B_3、$\cdots$、B_8 连接成光滑曲线，即可得凸轮轮廓曲线。

若采用摆动滚子或平底从动件，则上述连接点 B_1、B_2、B_3、$\cdots$、B_8 所得的光滑曲线为凸轮的理论廓线，过这些点作一系列滚子圆或平底，然后作它们的包络线，即可求得凸轮的实际轮廓曲线。

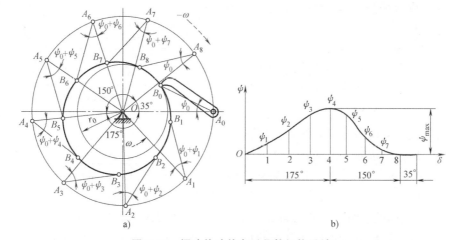

图 7-15　摆动从动件盘形凸轮机构设计

7.3.3　用解析法设计凸轮廓线

用图解法可以简便地设计凸轮廓线，但存在作图误差，故只能应用于低速或不重要的场合。对于高速凸轮或精度要求较高的靠模凸轮、样板凸轮等，用图解法往往不能满足使用要求，需要采用解析法进行设计。

用解析法设计凸轮廓线的实质是建立凸轮轮廓曲线的数学方程式，并准确地计算出凸轮廓线上各点的坐标。下面介绍几种凸轮廓线的解析法设计步骤。

1. 直动滚子从动件盘形凸轮机构

（1）理论廓线方程　图 7-16 所示为偏置直动滚子从动件盘形凸轮机构。凸轮以等角速度 ω 沿逆时针方向转动，基圆半径为 r_0，偏距为 e，从动件的运动规律均已知。

选取直角坐标系 Oxy，点 B_0 为从动件滚子中心在推程阶段的起始位置，当凸轮转过 δ

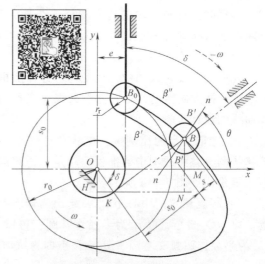

图 7-16　偏置直动滚子从动件
盘形凸轮机构设计

角时，从动件的位移为 s。由反转法作图可以看出，此时滚子中心处于 B 点，该点的直角坐标为

$$
\left. \begin{array}{l} x = KN + KH = (s_0 + s)\sin\delta + e\cos\delta \\ y = BN - MN = (s_0 + s)\cos\delta - e\sin\delta \end{array} \right\} \tag{7-7}
$$

式中，$s_0 = \sqrt{r_0^2 - e^2}$。

式（7-7）即为凸轮理论廓线方程式。若为对心直动从动件，则 $e = 0$，$s_0 = r_0$，则式（7-7）可以写成

$$
\left. \begin{array}{l} x = (r_0 + s)\sin\delta \\ y = (r_0 + s)\cos\delta \end{array} \right\} \tag{7-8}
$$

（2）实际廓线方程　在滚子从动件盘形凸轮机构中，由于凸轮实际轮廓曲线是其理论轮廓曲线的等距曲线，即实际轮廓与理论轮廓在法线方向上的距离处处相等，该距离均等于滚子半径 r_r。因此，当已知理论廓线上的任意一点 $B(x, y)$ 时，在该点理论廓线法线方向上取距离 r_r，即可得实际廓线上相应的点 $B'(x', y')$。

由高等数学知识可知，曲线上任意一点的法线斜率与该点的切线斜率互为负倒数，故理论廓线上 B 点处的法线 nn 的斜率为

$$
\tan\beta = -\frac{\mathrm{d}x}{\mathrm{d}y} = -\frac{\mathrm{d}x/\mathrm{d}\delta}{\mathrm{d}y/\mathrm{d}\delta} = \frac{\sin\beta}{\cos\beta} \tag{7-9}
$$

式中

$$
\left. \begin{array}{l} \dfrac{\mathrm{d}x}{\mathrm{d}\delta} = (s_0 + s)\cos\delta + \left(\dfrac{\mathrm{d}s_2}{\mathrm{d}\delta} - e\right)\sin\delta \\ \dfrac{\mathrm{d}y}{\mathrm{d}\delta} = -(s_0 + s)\sin\delta + \left(\dfrac{\mathrm{d}s_2}{\mathrm{d}\delta} - e\right)\cos\delta \end{array} \right\} \tag{7-10}
$$

由式（7-9）和式（7-10）可得

$$
\left. \begin{array}{l} \sin\beta = (\mathrm{d}x/\mathrm{d}\delta)/\sqrt{(\mathrm{d}x/\mathrm{d}\delta)^2 + (\mathrm{d}y/\mathrm{d}\delta)^2} \\ \cos\beta = -(\mathrm{d}y/\mathrm{d}\delta)/\sqrt{(\mathrm{d}x/\mathrm{d}\delta)^2 + (\mathrm{d}y/\mathrm{d}\delta)^2} \end{array} \right\} \tag{7-11}
$$

实际廓线上对应点 $B'(x', y')$ 的坐标为

$$
\left. \begin{array}{l} x' = x \mp r_\mathrm{r}\cos\beta \\ y' = y \mp r_\mathrm{r}\sin\beta \end{array} \right\} \tag{7-12}
$$

式中，"$-$" 表示内等距曲线 η'；"$+$" 表示外等距曲线 η''。

在数控铣床上铣削凸轮或在凸轮磨床上磨削凸轮时，通常需要求出刀具中心轨迹方程。对于滚子从动件盘形凸轮，通常应尽可能采用直径和滚子直径相同的刀具。这时，刀具中心轨迹与凸轮理论廓线重合，理论廓线方程即为刀具中心轨迹方程。如果刀具直径与滚子直径不同，则刀具中心的运动轨迹是凸轮理论廓线的等距曲线；若刀具直径大于滚子直径，则刀具中心的运动轨迹为凸轮理论廓线的外等距曲线。反之，刀具中心的运动轨迹为凸轮理论廓线的内等距曲线。

2. 直动平底从动件盘形凸轮机构

图 7-17 所示为对心直动平底从动件盘形凸轮机构。选取图中所示的直角坐标系 Oxy，当从动件处于起始位置时，平底与凸轮廓线切于 B_0 点；当凸轮转过 δ 角后，从动件的位移为 s。由反转法作图可以看出，此时从动件平底与凸轮廓线在 B 点相切。该点的坐标

(x, y) 为

$$x = OD+EB = (r_0+s)\sin\delta+\overline{OP}\cos\delta \left.\right\}$$
$$y = CD-CE = (r_0+s)\cos\delta-\overline{OP}\sin\delta \left.\right\} \tag{7-13}$$

在图中可以看出，P 点为该瞬时从动件与凸轮的瞬心，故从动件在该瞬时的运动速度为

$$v = v_P = \overline{OP}\omega$$

即 $\overline{OP} = \dfrac{v}{\omega} = \dfrac{ds}{d\delta}$。

则式（7-13）可写为

$$x = (r_0+s)\sin\delta+\frac{ds}{d\delta}\cos\delta \left.\right\}$$
$$y = (r_0+s)\cos\delta-\frac{ds}{d\delta}\sin\delta \left.\right\} \tag{7-14}$$

式（7-14）即为凸轮实际廓线方程。

3. 摆动滚子从动件盘形凸轮机构

图 7-18 所示为摆动滚子从动件盘形凸轮机构。已知凸轮回转中心和从动摆杆摆动中心的距离为 a，摆杆长度为 l，选取如图所示的坐标系 Oxy。当从动摆杆处于初始位置时，滚子中心处于 B_0 点，从动摆杆与连心线 OA_0 之间的夹角为 ψ_0，当凸轮转过 δ 角后，从动摆杆摆过 ψ 角。由反转法可知，此时滚子中心将处于 B 点，其坐标 (x, y) 为

$$x = OD-CD = a\sin\delta-l\sin(\delta+\psi_0+\psi) \left.\right\}$$
$$y = AD-ED = a\cos\delta-l\cos(\delta+\psi_0+\psi) \left.\right\} \tag{7-15}$$

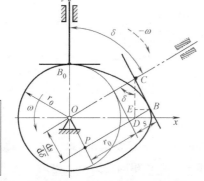

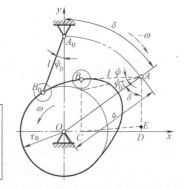

图 7-17　对心直动平底从动件盘形凸轮机构　　　　图 7-18　摆动滚子从动件盘形凸轮机构

此方程即为凸轮理论廓线方程。

凸轮实际廓线方程的推导思路与直动滚子从动件盘形凸轮机构相同，此处不再赘述。

7.4　凸轮机构基本尺寸的确定

在前面凸轮廓线的设计中，除了应根据工作要求选定从动件的运动规律外，还需要确定

基圆半径 r_0、偏距 e、滚子半径 r_r 等基本参数。这些参数的选择除了要保证从动件能够准确地实现预期的运动规律以外，还要保证所设计的凸轮机构具有良好的传力性能及紧凑的结构尺寸。本节主要讨论凸轮机构基本尺寸的确定方法。

7.4.1　凸轮机构压力角的确定

凸轮机构的压力角是指在不计摩擦的情况下，凸轮对从动件作用力的方向与从动件上该力作用点的速度方向之间所夹的锐角。图 7-19 所示为一直动尖端从动件盘形凸轮机构，在凸轮廓线接触点 B 处，从动件所受的法向作用力 F 与从动件的运动方向之间所夹的锐角 α 即是其压力角。压力角随凸轮廓线上的不同点而变化，是影响凸轮机构受力情况的重要参数之一。

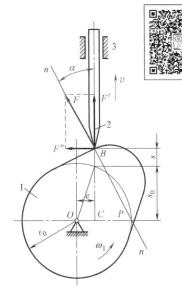

由图 7-19 可见，法向作用力 F 可分解为沿从动件运动方向的有用分力 F' 和使从动件紧压导路的有害分力 F''，且

$$F' = F\cos\alpha, \quad F'' = F\sin\alpha$$

上式表明，当 F 一定时，α 越大，摩擦阻力 F'' 越大，效率越低。当 α 增加到一定值时，有可能出现摩擦阻力 F'' 大于推动从动件运动的有用分力 F' 的情况，此时不论凸轮加给从动件的作用力 F 有多大，都无法推动从动件运动，导致机构发生自锁。因此，为保证凸轮机构正常工作并具有一定的传动效率，必须对压力角的大小加以限制。在设计时应使最大压力角小于许用压力角，即 $\alpha_{max} \leqslant [\alpha]$。根据工程实践的经验，推程时的许用压力角为：直动从动件 $[\alpha] = 30° \sim 38°$；摆动从动件 $[\alpha] = 40° \sim 50°$。回程时，由于从动件的运动不是由凸轮驱动的，因此通常不存在自锁现象。但为使从动件不至于产生过大的加速度，仍需对压力角大小进行限制，回程时常取 $[\alpha] = 70° \sim 80°$。

图 7-19　直动尖端从动件盘形凸轮机构

7.4.2　凸轮基圆半径的确定

设计凸轮机构时，从机构传力和效率的角度考虑，压力角越小，则传动效果越好，但会使凸轮机构的尺寸增大，导致机构结构不紧凑。因此，为使机构结构紧凑就应减小基圆半径，而凸轮基圆半径的减小又会引起压力角的增大。下面以图 7-19 为例说明凸轮基圆半径的确定方法。

图 7-19 所示为偏置直动尖端从动件盘形凸轮机构，凸轮与从动件在任意点 B 接触并通过 B 点作公法线 n-n，它与过凸轮轴心 O 所作的从动件导路的垂线相交于 P 点，由瞬心定义可知，P 点即为凸轮与从动件的相对速度瞬心，且 $\overline{OP} = \dfrac{v}{\omega} = \dfrac{\mathrm{d}s}{\mathrm{d}\delta}$。因此，由图可得直动从动件盘形凸轮压力角的计算公式为

$$\tan\alpha = \frac{\dfrac{\mathrm{d}s}{\mathrm{d}\delta} \mp e}{s + \sqrt{r_0^2 - e^2}} \tag{7-16}$$

式中，s 为对应于凸轮转角 δ 的从动件位移。

式（7-16）表明，在其他条件不变的情况下，基圆半径越小，压力角越大，若基圆半径过小，则会使压力角超过许用值。因此，实际设计中应在保证 $\alpha_{max} \leqslant [\alpha]$ 的前提下，选择尽可能小的基圆半径。由式（7-16）可得凸轮机构的最小基圆半径为

$$r_0 \geqslant \sqrt{\left(\frac{\frac{ds}{d\delta} \mp e}{\tan\alpha} - s\right)^2 + e^2} \qquad (7\text{-}17)$$

式中，e 为从动件导路偏离凸轮回转中心的距离，称为偏距。式中"$\mp$"的取值：当凸轮沿逆时针方向转动，从动件偏离凸轮轴心的右侧（或当凸轮沿顺时针方向转动，从动件偏离凸轮轴心的左侧）时，取"$-$"号，可使压力角减小；反之，取"$+$"号，压力角将增大。因此，为了减小推程压力角，应注意从动件的偏离方向。

确定基圆半径的方法很多，在一般设计中，可先按结构要求确定 r_0 的初值，然后检查凸轮廓线上各点的压力角。如果发现 $\alpha_{max} > [\alpha]$，则应将基圆半径适当加大。由于凸轮安装在轴上，故凸轮的基圆半径还必须大于凸轮轴的半径。通常可取凸轮的基圆直径大于或等于轴径的 1.6~2 倍。

7.4.3 滚子半径的选择

滚子从动件盘形凸轮的实际廓线与理论廓线是两条等距的法向曲线，其法向距离即为滚子的半径。因此，凸轮实际廓线的形状与滚子半径的大小有关。在选择滚子半径时，应综合考虑滚子的结构、强度及凸轮廓线的形状等诸多因素，以分析凸轮廓线形状与滚子半径之间的关系。

图 7-20a 所示为内凹的凸轮廓线，粗实线 a 为其实际廓线，单点画线 b 为理论廓线。实际廓线的曲率半径 ρ_a 等于理论廓线的曲率半径 ρ 与滚子半径 r_r 之和，即 $\rho_a = \rho + r_r$。因此，总可以根据理论廓线作出实际廓线的平滑曲线。但是，对于图 7-20b 所示的外凸的凸轮廓线，实际廓线的曲率半径 $\rho_a = \rho - r_r$，可有下列三种情况：当 $\rho > r_r$ 时，$\rho_a > 0$，凸轮实际廓线为一平滑曲线；若 $\rho = r_r$，则 $\rho_a = 0$，凸轮实际廓线上出现了尖点，如图 7-20c 所示，由于尖点极易磨损，故实际中不能使用；若 $\rho < r_r$，则 $\rho_a < 0$，凸轮的实际廓线相交，如图 7-19d 所示，交点以外的廓线在加工时将被切去，致使从动件不能准确地实现预期的运动规律而产生运动失真现象。因此，在设计时为避免凸轮廓线变尖或相交现象，可从以下两方面入手：一是减小滚子半径 r_r；二是通过增大基圆半径来加大凸轮理论廓线的最小曲率半径 ρ_{min}。一般应保证凸轮实际廓线的最小曲率半径等于 3~5mm，即 $\rho_{amin} = \rho_{min} - r_r \geqslant 3 \sim 5\text{mm}$。

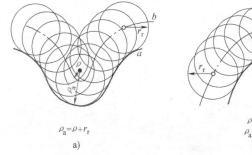

图 7-20 凸轮实际廓线的形状与滚子半径之间的关系

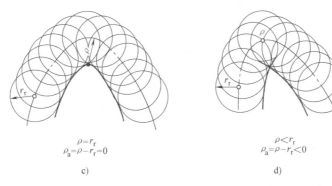

$$\rho = r_r$$
$$\rho_a = \rho - r_r = 0$$

c)

$$\rho < r_r$$
$$\rho_a = \rho - r_r < 0$$

d)

图 7-20　凸轮实际廓线的形状与滚子半径之间的关系（续）

习题与思考题

7-1　凸轮机构的类型有哪些？选择凸轮的类型时应考虑哪些因素？

7-2　从动件的常用运动规律有哪些？它们各适用于哪些场合？哪些运动规律有冲击？冲击性质如何？

7-3　设计凸轮廓线时采用什么原理？图解法和解析法各有何特点？

7-4　设计滚子从动件盘形凸轮的轮廓时，应如何选择滚子的半径？

7-5　已知从动件的升距 $h = 50\text{mm}$，推程运动角 $\delta_1 = 150°$，远休止角 $\delta_2 = 30°$，回程运动角 $\delta_3 = 120°$，近休止角 $\delta_4 = 60°$。从动件按简谐运动规律上升，按等加速等减速运动规律回落。试用图解法或解析法作出从动件的运动线图。

7-6　用图解法绘制对心直动盘形凸轮轮廓。从动件的运动规律同题 7-5，基圆半径 $r_0 = 40\text{mm}$，滚子半径 $r_r = 10\text{mm}$，凸轮沿顺时针方向转动。

7-7　设计一偏置直动滚子从动件盘形凸轮机构。已知凸轮以等角速度沿顺时针方向转动，偏距 $e = 10\text{mm}$，凸轮基圆半径 $r_0 = 50\text{mm}$，从动件的升距 $h = 30\text{mm}$，滚子半径 $r_r = 10\text{mm}$，从动件的运动规律同题 7-5，试用图解法绘出凸轮的轮廓曲线。

7-8　设计一对心直动平底从动件盘形凸轮机构。已知凸轮沿逆时针方向转动，基圆半径 $r_0 = 50\text{mm}$，从动件的升距 $h = 30\text{mm}$，推程运动角 $\delta_1 = 120°$，远休止角 $\delta_2 = 60°$，回程运动角 $\delta_3 = 150°$，近休止角 $\delta_4 = 30°$。从动件按等速运动规律上升，按等加速等减速运动规律回落。

7-9　用图解法设计一摆动滚子从动件盘形凸轮机构。已知凸轮沿顺时针方向转动，基圆半径 $r_0 = 40\text{mm}$，从动件长度 $l = 50\text{mm}$，凸轮中心与从动件摆动中心的距离 $a = 80\text{mm}$，滚子半径 $r_r = 10\text{mm}$，从动件的运动规律如下：$\delta_1 = \delta_2 = \delta_3 = \delta_4 = 90°$，以等加速等减速运动规律向上摆动 15°，以简谐运动摆回原处。

7-10　图 7-21 所示为一偏置直动滚子从动件盘形凸轮机构，凸轮为一偏心圆，其直径 $D = 32\text{mm}$，滚子半径 $r_r = 5\text{mm}$，偏距 $e = 6\text{mm}$。试求：

（1）画出凸轮的理论廓线、偏距圆、基圆。

（2）在图上标注并求出升距、推程角及回程角。

（3）画出凸轮由图示位置转过 90°时的压力角 α 及从动件的位移 s。

7-11 图 7-22 所示的两种凸轮机构均为偏心圆盘。圆心为 O，$R = 30\text{mm}$，偏心距 $l_{OA} = 10\text{mm}$，偏距 $e = 10\text{mm}$。试求并在图上作出：

（1）两种凸轮机构中从动件的行程 h 和凸轮的基圆半径 r_0。

（2）两种凸轮机构的最大压力角 $\alpha_{\max}$ 的值及其出现的位置。

（3）两种凸轮机构在图示位置时从动件的位移 s 和机构的压力角 α。

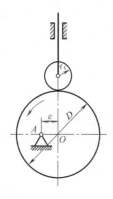

图 7-21　题 7-10 图

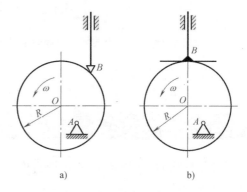

图 7-22　题 7-11 图

第8章

齿轮机构及其设计

🔑 8.1 齿轮机构的特点和类型

8.1.1 齿轮机构的特点和应用

齿轮机构用于传递空间任意两轴之间的运动和动力,是机械中应用最广泛的传动机构之一。其主要优点是传动比准确、效率高、寿命长、工作可靠、结构紧凑、适用的圆周速度和功率范围广;缺点是要求具有较高的制造和安装精度、成本较高、不适用于远距离两轴之间的传动。

8.1.2 齿轮机构的分类

按照一对齿轮的传动比是否恒定,可将其分为两类:一类是定传动比齿轮机构,其齿轮是圆形的,又称为圆形齿轮机构,广泛应用在现代机械中;另一类是变传动比齿轮机构,其齿轮一般呈非圆形,又称为非圆形齿轮机构,仅用于某些有特殊要求的机械中。

按照一对齿轮传动时的相对运动情况,可分为平面齿轮机构和空间齿轮机构两类。做平面相对运动的齿轮机构称为平面齿轮机构,用于两平行轴间的传动;做空间相对运动的齿轮机构称为空间齿轮机构,用于相交轴或交错轴间的传动。齿轮机构的类型见表8-1。

表 8-1　齿轮机构的类型

平面齿轮机构	传递平行轴间运动的直齿圆柱齿轮机构		
	外啮合齿轮机构	内啮合齿轮机构	齿轮齿条
	传递平行轴间运动的斜齿圆柱齿轮机构		人字齿轮机构

（续）

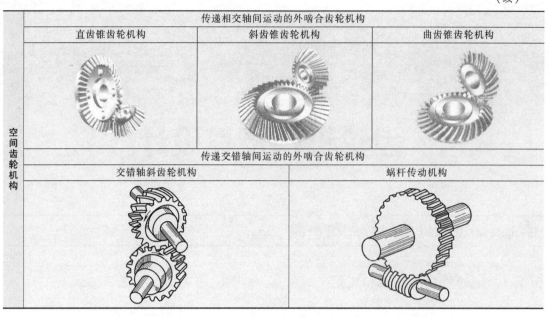

传递相交轴间运动的外啮合齿轮机构		
直齿锥齿轮机构	斜齿锥齿轮机构	曲齿锥齿轮机构
传递交错轴间运动的外啮合齿轮机构		
交错轴斜齿轮机构		蜗杆传动机构

（左栏：空间齿轮机构）

8.2 齿廓啮合基本定律

齿轮机构是通过主动齿轮轮齿的齿廓推动从动齿轮轮齿的齿廓来实现运动传递的。

齿轮传动最基本的要求是瞬时传动比必须保持不变，否则，当主动齿轮以等角速度转动时，从动齿轮将做变角速度转动，从而会产生惯性力。这种惯性力不仅影响齿轮的寿命，还会引起机器的振动和噪声，影响其工作精度。为了满足齿轮传动瞬时传动比保持不变的要求，需要研究轮齿的齿廓形状应符合的条件，即齿廓啮合基本定律。

图 8-1 所示为两齿廓 E_1、E_2 在任意点 K 处啮合，设主、从动齿轮的角速度分别为 ω_1、ω_2，过 K 点作两齿廓公法线 $n-n$ 与两齿轮连心线 O_1O_2 交于 C 点。由三心定理可知，C 点为两齿轮的相对瞬心，故 $v_{C_1}=v_{C_2}$，则该对齿轮的传动比为

$$i=\frac{\omega_1}{\omega_2}=\frac{\overline{O_2C}}{\overline{O_1C}} \qquad (8\text{-}1)$$

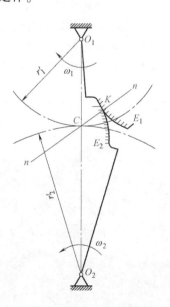

式（8-1）表明，一对齿轮传动在任意瞬时的传动比，等于其连心线 O_1O_2 被接触点的公法线 $n-n$ 所分割的线段的反比，这一规律称为齿廓啮合基本定律。

由此可见，要使两齿轮的角速度比恒定不变，应使 $\overline{O_2C}/\overline{O_1C}$ 恒为常数，则必须使 C 点成为固定点。或者说，要使两齿轮保持定角速度比，其齿廓曲线必须满足以下条件：不论两齿廓在任何位置接触，过接触点所作的两齿廓公法线都必须通过两齿轮连心线上一固定点 C。此固定点 C 称为节点。分

图 8-1 齿廓啮合基本定律

别以 O_1、O_2 为圆心，过节点 C 所作的两个相切的圆称为节圆，其半径分别为 r'_1、r'_2。则有

$$i = \frac{\omega_1}{\omega_2} = \frac{\overline{O_2C}}{\overline{O_1C}} = \frac{r'_2}{r'_1} \tag{8-2}$$

节点处两齿轮的圆周速度相等，故两齿轮的啮合传动可以视为一对节圆做纯滚动。

凡能满足齿廓啮合基本定律的一对齿廓称为共轭齿廓。只要给定齿轮 1 的齿廓曲线 E_1，就可以根据齿廓啮合基本定律用作图法确定齿轮 2 的共轭齿廓曲线 E_2。从理论上讲，满足定传动比规律的共轭齿廓曲线有很多，可采用的齿廓曲线有渐开线、摆线、圆弧线等。但考虑到啮合特性、制造、安装和使用等问题，目前渐开线齿廓应用最广泛。

8.3 渐开线齿廓及其啮合特性

8.3.1 渐开线的形成及其性质

如图 8-2 所示，当一条动直线 BK 沿半径为 r_b 的圆周做纯滚动时，直线上任意一点 K 的轨迹 AK 称为该圆的渐开线。该圆称为渐开线的基圆，半径 r_b 称为基圆半径；直线 BK 称为渐开线的发生线，角 $\theta_K = \angle AOK$ 称为渐开线上点 K 的展角。

由渐开线的形成过程可知，渐开线具有下列特性：

1）发生线沿基圆滚过的线段长度等于基圆上被滚过的相应圆弧长度，即 $\overline{BK} = \overparen{AB}$。

2）渐开线上任意一点的法线恒与基圆相切。由于发生线 BK 沿基圆做纯滚动，切点 B 即为其速度瞬心，因此直线 BK 是渐开线上 K 点的法线。又因发生线始终切于基圆，故渐开线上任意一点的法线必与基圆相切。

3）渐开线上的点离基圆越远，其曲率半径越大，渐开线越平直。如图 8-2 所示，由于发生线 BK 与基圆的切点 B 也是渐开线在点 K 处的曲率中心，而线段 $\overline{BK}$ 是其曲率半径，所以渐开线上离基圆越远的部分，其曲率半径越大，渐开线越平直；而离基圆越近，其曲率半径越小，渐开线越弯曲；渐开线在基圆起始点处的曲率半径为零。

4）渐开线的形状取决于基圆的大小。如图 8-3 所示，基圆越大，渐开线越平直；当基

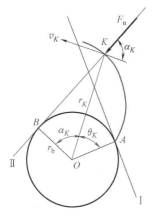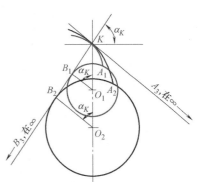

图 8-2 渐开线的形成　　　　　图 8-3 基圆与渐开线形状的关系

圆半径为无穷大时，其渐开线将成为一条垂直于发生线的直线，此即齿条的齿廓曲线。

5）基圆内无渐开线。由于渐开线是从基圆开始向外展开的，因此基圆内无渐开线。

8.3.2 渐开线方程

根据渐开线的性质，可导出以极坐标形式表示的渐开线方程式。如图 8-2 所示，点 K 为渐开线上的任意一点，其向径为 r_K，展角为 θ_K。若用此渐开线做齿轮的齿廓，则传动时，作用于齿廓上 K 点的力的方向线 BK 与该点的速度方向 v_K 之间所夹的锐角 α_K，称为渐开线齿廓在该点的压力角。由图 8-2 可知

$$r_K = \frac{r_b}{\cos\alpha_K}$$

又因

$$\tan\alpha_K = \frac{\overline{BK}}{r_b} = \frac{\widehat{AB}}{r_b} = \frac{r_b(\alpha_K + \theta_K)}{r_b} = \alpha_K + \theta_K$$

即 $\theta_K = \tan\alpha_K - \alpha_K$。

上式表明，展角 θ_K 随压力角 α_K 的变化而变化，故 θ_K 又称为压力角 α_K 的渐开线函数，并用 $\mathrm{inv}\alpha_K$ 表示。

综上所述，渐开线的极坐标方程式为

$$\left.\begin{array}{c} r_K = \dfrac{r_b}{\cos\alpha_K} \\[2mm] \theta_K = \mathrm{inv}\alpha_K = \tan\alpha_K - \alpha_K \end{array}\right\} \tag{8-3}$$

为了使用方便，工程上已将不同压力角 α_K 的渐开线函数制成表格以备查用，见表 8-2。

表 8-2 渐开线函数表（$\mathrm{inv}\alpha_K = \tan\alpha_K - \alpha_K$）（节录）

α/(°)	次	0′	5′	10′	15′	20′	25′	30′	35′	40′	45′	50′	55′
11	0.00	23941	24495	25057	25628	26208	26797	27394	28001	28616	29241	29875	30518
12	0.00	31171	31832	32504	33185	33875	34575	35285	36005	36735	37474	38224	38984
13	0.00	39754	40534	41325	42126	42938	43760	44593	45437	46291	47157	48033	48921
14	0.00	49819	50729	51650	52582	53526	54482	55448	56427	57417	58420	59434	60460
15	0.00	61498	62548	63611	64686	65773	66873	67985	69110	70248	71398	72561	73738
16	0.0	07493	07613	07735	07857	07982	08107	08234	08362	08492	08623	08756	08889
17	0.0	09025	09161	09299	09439	09580	09722	09866	10012	10158	10307	10456	10608
18	0.0	10760	10915	11071	11228	11387	11547	11709	11873	12038	12205	12373	12543
19	0.0	12715	12888	13063	13240	13418	13598	13779	13963	14148	14334	14523	14713
20	0.0	14904	15098	15293	15490	15689	15890	16092	16296	16502	16710	16920	17132
21	0.0	17345	17560	17777	17996	18217	18440	18665	18891	19120	19350	19583	19817
22	0.0	20054	20292	20533	20775	21019	21266	21514	21765	22018	22272	22529	22788
23	0.0	23049	23312	23577	23845	24114	24386	24660	24936	25214	25495	25777	26062
24	0.0	26350	26639	26931	27225	27521	27820	28121	28424	28729	29037	29348	29660
25	0.0	29975	30293	30613	30935	31260	31587	31917	32249	32583	32920	33260	33602
26	0.0	33947	34294	34644	34997	35352	35709	36069	36432	36798	37166	37537	37910
27	0.0	38287	38666	39047	39432	39819	40209	42602	40997	41395	41797	42201	42607
28	0.0	43017	43430	43845	44264	44685	45110	45537	45967	46400	46837	47276	47718
29	0.0	48164	48612	49064	49518	49976	50437	50901	51368	51838	52312	52788	53268
30	0.0	53751	54238	54728	55221	55717	56217	56720	57226	57736	58249	58765	59285

8.3.3 渐开线齿廓的啮合特性

1. 能实现定传动比要求

如上所述，要使两齿轮保持定传动比传动，则两齿轮齿廓不论在何种位置啮合，过接触点所作的两齿廓公法线必须与两齿轮连心线交于一固定点 C。

如图 8-4 所示，过渐开线齿廓 E_1、E_2 的任意啮合点 K，作两齿廓的公法线 $n-n$，由渐开线性质可知，其公法线必同时与两轮的基圆相切，即 $n-n$ 为两齿轮基圆的一条内公切线。两齿轮传动时，基圆的大小和安装位置均不变，同一方向的内公切线只有一条，其与两齿轮连心线的交点 C 必为一固定点，故渐开线齿廓能实现定传动比传动。因此两齿轮传动比为

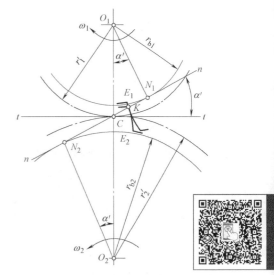

$$i = \frac{\omega_1}{\omega_2} = \frac{\overline{O_2 C}}{\overline{O_1 C}} = \frac{r_2'}{r_1'} = \frac{r_{b2}}{r_{b1}} \qquad (8\text{-}4)$$

式（8-4）表明，渐开线齿轮的传动比不仅与两齿轮的节圆半径成反比，也与两齿轮的基圆半径成反比。

图 8-4 渐开线齿廓满足齿廓啮合基本定律

2. 中心距可分性

由式（8-4）可知，渐开线齿轮的传动比与两齿轮基圆半径的大小有关，因为一对渐开线齿轮制成之后，其基圆半径是不能改变的，所以即使两齿轮的中心距稍有变化，仍能保持原来的传动比不变，渐开线传动的这一特性称为中心距可分性。中心距可分性对渐开线齿轮的加工、安装和使用都非常有利，是渐开线齿轮的一大优点。

3. 啮合线为一直线

渐开线齿廓在任意位置啮合时，接触点的公法线都是同一条直线 $N_1 N_2$，这就表明两齿轮齿廓的所有啮合点都应在直线 $N_1 N_2$ 上，这条直线就是啮合点 K 走过的轨迹，称为渐开线齿轮传动的啮合线，它在整个齿轮传动中为一条定直线。所以在渐开线齿轮传动过程中，当传递的转矩一定时，齿廓间的正压力大小和方向始终不变，这对保证齿轮传动的平稳性非常有利。

4. 啮合角恒等于节圆上的压力角

过节点 C 作两节圆的公切线 $t-t$，它与啮合线 $N_1 N_2$ 间所夹锐角称为啮合角，用 α' 表示。由图 8-4 可见，渐开线齿轮传动的啮合角为常数，其数值恒等于渐开线在节圆上的压力角。

8.4 渐开线标准齿轮的基本参数和几何尺寸

8.4.1 齿轮各部分的名称

图 8-5 所示为一标准渐开线直齿圆柱外齿轮的一部分，其各部分的名称和符号如下。

（1）齿顶圆　过齿轮各齿顶所作的圆称为齿顶圆，其直径用 d_a、半径用 r_a 表示。

（2）齿根圆　过齿轮各齿槽底部所作的圆称为齿根圆，其直径用 d_f、半径用 r_f 表示。

（3）分度圆　分度圆是设计齿轮的基准圆，其直径用 d、半径用 r 表示。

（4）基圆　形成渐开线的圆称为基圆，其直径用 d_b、半径用 r_b 表示。

（5）齿厚、齿槽宽　每个轮齿两侧齿廓间的圆周弧长称为齿厚，用 s_K 表示；每个齿槽两侧齿廓间的圆周弧长称为齿槽宽，用 e_K 表示。

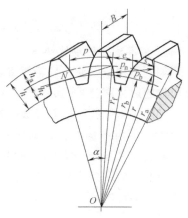

图 8-5　齿轮各部分的名称和符号

（6）齿距　相邻两个轮齿同侧齿廓间的圆周弧长称为齿距，用 p_K 表示。显然，在同一圆周上，齿距等于齿厚与齿槽宽之和，即 $p_K=s_K+e_K$。分度圆上的齿距为 $p=s+e$；基圆上的齿距为 $p_b=s_b+e_b$。

（7）法向齿距　齿轮相邻两个轮齿同侧齿廓之间在法线方向上的距离称为法向齿距，用 p_n 表示。由渐开线特性可知，$p_n=p_b$。

（8）齿顶高、齿根高　齿顶圆与分度圆之间的径向距离称为齿顶高，用 h_a 表示；齿根圆与分度圆之间的径向距离称为齿根高，用 h_f 表示。

（9）全齿高　齿顶圆与齿根圆之间的径向距离称为全齿高，用 h 表示，则 $h=h_a+h_f$。

8.4.2　齿轮基本参数

渐开线标准直齿圆柱齿轮有以下五个基本参数。

（1）齿数 z　在齿轮整个圆周上轮齿的总数称为齿数，用 z 表示。

（2）模数 m　分度圆是计算齿轮各部分尺寸的基准，其周长等于 $\pi d=zp$，可得分度圆直径为

$$d=\frac{p}{\pi}z$$

式中，π 为无理数，不便于齿轮的计算、制造和测量，为此，令

$$m=\frac{p}{\pi}$$

于是分度圆直径 $d=mz$，$p=\pi m$。其中，m 称为分度圆模数，简称模数，单位为 mm。我国规定模数为标准值，其值见表 8-3。

表 8-3　标准模数系列　　　（单位：mm）

第Ⅰ系列	1　1.25　1.5　2　2.5　3　4　5　6　8　10　12　16　20　25　32　40　50
第Ⅱ系列	1.125　1.375　1.75　2.25　2.75　3.5　4.5　5.5　(6.5)　7　9　11　14　18　22　28　36　45

注：选用模数时，应优先选用第Ⅰ系列，其次是第Ⅱ系列，括号内的模数尽可能不用。

模数是决定齿轮尺寸的一个基本参数，模数越大则齿轮尺寸越大，轮齿也越大，轮齿的抗弯能力越强。

（3）分度圆压力角 α 轮齿的渐开线齿廓在不同圆周上的压力角各不相同，位于分度圆上的压力角称为分度圆压力角（简称压力角），用 α 表示。在图 8-5 中，过分度圆与渐开线的交点作基圆切线得切点 N，该交点与齿轮中心 O 的连线与 NO 间的夹角，其大小与分度圆压力角相等。我国规定分度圆压力角标准值为 $\alpha = 20°$。通常所说的齿轮的压力角是指其分度圆上的压力角。

由上述可知，分度圆就是齿轮中具有标准模数和标准压力角的圆。

（4）齿顶高系数 h_a^* 和顶隙系数 c^* 齿轮的齿顶高 h_a 和齿根高 h_f 都与模数 m 成正比，即

$$h_a = h_a^* m$$

$$h_f = (h_a^* + c^*) m$$

我国规定齿顶高系数 h_a^* 与顶隙系数 c^* 为标准值：对于正常齿制，$h_a^* = 1$，$c^* = 0.25$；对于短齿制，$h_a^* = 0.8$，$c^* = 0.3$。

8.4.3 渐开线标准直齿圆柱齿轮几何尺寸计算

渐开线标准直齿圆柱齿轮除了基本参数是标准值外，还有以下两个特征：

1）分度圆齿厚与齿槽宽相等，即 $s = e = p/2 = \pi m/2$。

2）具有标准齿顶高和齿根高，即 $h_a = h_a^* m$，$h_f = (h_a^* + c^*) m$。

渐开线标准直齿圆柱齿轮几何尺寸计算公式见表 8-4。

表 8-4 渐开线标准直齿圆柱齿轮几何尺寸计算公式

名　称	符号	计　算　公　式	
分度圆直径	d	$d = mz$	
齿顶高	h_a	$h_a = h_a^* m$	
齿根高	h_f	$h_f = (h_a^* + c^*) m$	
全齿高	h	$h = h_a + h_f = (2h_a^* + c^*) m$	
齿顶圆直径	d_a	$d_a = d + 2h_a = (z + 2h_a^*) m$（外齿轮）	$d_a = d - 2h_a = (z - 2h_a^*) m$（内齿轮）
齿根圆直径	d_f	$d_f = d - 2h_f = (z - 2h_a^* - 2c^*) m$（外齿轮）	$d_f = d + 2h_f = (z + 2h_a^* + 2c^*) m$（内齿轮）
基圆直径	d_b	$d_b = d\cos\alpha = mz\cos\alpha$	
分度圆齿距	p	$p = \pi m$	
分度圆齿厚	s	$s = \dfrac{\pi m}{2}$	
分度圆齿槽宽	e	$e = \dfrac{\pi m}{2}$	
基圆齿距	p_b	$p_b = \pi m \cos\alpha$	
中心距	a	$a = \dfrac{m}{2}(z_1 + z_2)$（外啮合）	$a = \dfrac{m}{2}(z_2 - z_1)$（内啮合）

8.4.4 渐开线直齿圆柱齿轮任意圆上的齿厚及公法线长度

1. 任意圆上的齿厚

当设计和检验齿轮时，需要知道某圆周上的齿厚。例如，为了检验轮齿齿顶的强度，需要计算出齿顶圆上的齿厚；为了确定齿侧间隙，需要计算出节圆上的齿厚等。图 8-6 所示为渐开线齿轮的一个轮齿，图中 s_i 表示任意半径 r_i 圆上的齿厚，α_i、θ_i 分别为该圆上的压力

角和渐开线展角；s、r、α 及 θ 分别表示分度圆的齿厚、半径、压力角及渐开线展角。设 s_i 和 s 所对的中心角为 φ_i 和 φ，由图 8-6 可得

$$\varphi_i = \varphi - 2\angle BOC = \frac{s}{r} - 2(\theta_i - \theta) = \frac{s}{r} - 2(\text{inv}\alpha_i - \text{inv}\alpha)$$

故

$$s_i = r_i\varphi_i = s\frac{r_i}{r} - 2r_i(\text{inv}\alpha_i - \text{inv}\alpha) \tag{8-5}$$

式中，$\alpha_i = \arccos\dfrac{r_b}{r_i}$。

由式（8-5）可计算出任意圆上的齿厚，如齿顶圆、节圆及基圆上的齿厚等。

2. 公法线长度

在齿轮加工与检验过程中，需要测量齿轮公法线长度，以此来判断齿轮的加工精度。

如图 8-7 所示，卡尺的两个卡脚跨过 k 个齿（图中 $k=3$），与渐开线齿廓相切于 A、B 两点，距离 AB 称为公法线长度，用 W_k 表示。由于 AB 是渐开线上 A、B 两点的法线，由渐开线的性质可知，AB 必与基圆相切，则有

$$W_k = (k-1)p_b + s_b \tag{8-6}$$

式中，p_b、s_b 分别为基圆上的齿距和齿厚，将其值代入式（8-6）可得

$$W_k = m\cos\alpha\left[\pi(k-0.5) + z\,\text{inv}\alpha\right] \tag{8-7}$$

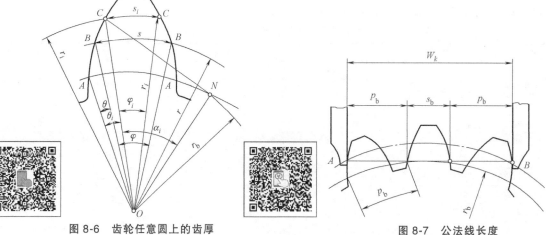

图 8-6　齿轮任意圆上的齿厚　　　　　图 8-7　公法线长度

测量公法线长度时，必须保证卡尺的两个卡脚与渐开线齿廓相切，应尽量使卡脚卡在齿廓的中部，而对于标准齿轮，则应与齿廓的分度圆附近相切，这样测得的公法线长度值较准确。据此，可以推出合理的跨齿数 k 为

$$k = z\frac{\alpha}{180°} + 0.5 \tag{8-8}$$

当 $\alpha = 20°$ 时，式（8-7）和式（8-8）可改写为

$$\left.\begin{array}{l} W_k = m\left[2.952(k-0.5) + 0.014z\right] \\[2mm] k = \dfrac{z}{9} + 0.5 \end{array}\right\} \tag{8-9}$$

计算出的 k 值四舍五入取整数。

8.4.5 齿条和内齿轮的尺寸

1. 内齿轮

图 8-8 所示为一标准渐开线直齿圆柱内齿轮的一部分，它与外齿轮相比有下列不同点：

1) 内齿轮的齿廓是内凹的，其齿厚和齿槽宽分别对应于外齿轮的齿槽宽和齿厚。

2) 内齿轮的齿根圆直径大于齿顶圆直径。

3) 内齿轮的齿顶圆直径必须大于基圆直径，以保证内齿轮齿顶部的齿廓全部为渐开线。

2. 齿条

当齿轮的齿数为无穷多时，齿轮上的各个圆均变为直线，作为齿廓曲线的渐开线也变成直线。图 8-9 所示为一标准齿条，它与齿轮比较有下列两个主要特点：

1) 因齿条齿廓是直线，所以齿廓上各点的法线是平行的。又因齿条在传动时做平动，齿廓上各点的速度和大小都相同，所以齿条齿廓上各点的压力角都相同，且等于齿廓的倾斜角，此角称为压力角，其标准值为 20°。

2) 与齿顶线平行的各直线上的齿距都相同，模数为同一标准值。其中齿厚与齿槽宽相等且与齿顶线平行的直线称为分度线，它是确定齿条各部分尺寸的基准线。

标准齿条的齿廓尺寸为 $h_a = h_a^* m$，$h_f = (h_a^* + c^*) m$，与标准齿轮相同。

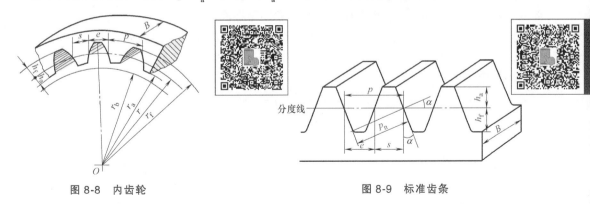

图 8-8 内齿轮　　　　图 8-9 标准齿条

8.5 渐开线直齿圆柱齿轮的啮合传动

8.5.1 一对渐开线齿轮的正确啮合条件

一对渐开线齿轮能搭配起来正确地啮合（即齿廓既不能互相干涉，也不能有大的间隙），必须满足一定的条件。如图 8-10 所示，齿轮 1 为主动齿轮，转动方向如图所示。齿轮 1 和齿轮 2 在传动时，它们的齿廓啮合点都应位于啮合线 $N_1 N_2$ 上。当一对齿轮的第一对齿廓在啮合线 $N_1 N_2$ 上的 K 点处接触时，为了保证齿轮能正确啮合传动，应使后一对齿廓在啮合线 $N_1 N_2$ 上在另一点 K' 处接触，这说明齿轮 1 上相邻两齿同侧齿廓在法线 $N_1 N_2$ 上的距离等于齿轮 2 上相邻两齿同侧齿廓在法线上的距离。把相邻两齿同侧齿廓在法线上的距离 $K'K$ 称为法向齿距，用 p_n 表示。由渐开线的性质可知，法线齿距 p_n 等于基圆齿距 p_b，即

$$p_{n1} = p_{n2} = p_{b1} = p_{b2} = \overline{K'K}$$

因此有

$$\pi m_1 \cos\alpha_1 = \pi m_2 \cos\alpha_2$$

式中，α_1、α_2 及 m_1、m_2 分别为两齿轮的模数和压力角。由于齿轮模数和压力角均已标准化，因此只能满足以下关系式：

$$m_1 = m_2 = m, \quad \alpha_1 = \alpha_2 = \alpha \tag{8-10}$$

式（8-10）表明，一对渐开线齿轮正确啮合的条件是，两齿轮的模数和压力角分别相等。

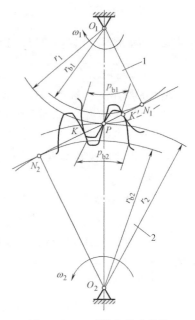

图 8-10 一对渐开线齿轮的
正确啮合条件

8.5.2 齿轮传动的中心距

齿轮传动中心距的变化虽然不影响传动比大小，但会改变顶隙和齿侧间隙等的大小。在确定其中心距时，应满足以下两点要求：

（1）保证两齿轮的顶隙为标准值　在一对齿轮传动时，应保证一个齿轮的齿顶与另一个齿轮的渐开线齿廓部分接触，即应避免一个齿轮的齿顶与另一个齿轮的齿槽底部或齿根过渡曲线相接触，并留有一定的空隙以储存润滑油。因此，应在一齿轮的齿顶圆与另一齿轮的齿根圆之间留有一定的间隙，称为顶隙，用 c 表示。顶隙的标准值为 $c = c^* m$。对于图 8-11 所示的标准齿轮外啮合传动，当顶隙为标准值时，两齿轮的中心距应为

$$a = r_{a1} + c + r_{f2} = (r_1 + h_a^* m) + c^* m + (r_2 - h_a^* m - c^* m)$$

$$= r_1 + r_2 = \frac{m(z_1 + z_2)}{2} \tag{8-11}$$

即两齿轮的中心距应等于两齿轮分度圆半径之和，此中心距称为标准中心距，用 a 表示。

（2）保证两齿轮的理论齿侧间隙为零　在实际齿轮传动中，在两齿轮的非工作齿侧间总会留有一定的齿侧间隙，称为侧隙。它的作用是防止由于制造和装配的误差、轮齿的变形和受热膨胀而造成轮齿卡死。但该间隙一般都很小，它是由设计制造时规定的齿厚负偏差来保证的。在本书中，计算齿轮的名义尺寸时都按无侧隙啮合来考虑。因此，设计时需使一个齿轮在节圆上的齿厚等于另一个齿轮在节圆上的齿槽宽，即

$$s_1' = e_1' = s_2' = e_2' = \frac{\pi m}{2}$$

由于一对齿轮啮合时，两齿轮的节圆总是相切的，而当两齿轮按标准中心距 a 安装时，两者的分度圆也是相切的，即 $r_1' + r_2' = r_1 + r_2$。又因 $i_{12} = r_2'/r_1' = r_2/r_1$，故此时两齿轮的节圆分别与其分度圆重合。由于分度圆上的齿厚与齿槽宽相等，因此标准齿轮在按标准中心距安装时，其齿侧间隙为零。此外，当两齿轮按标准中心距安装时，啮合角 α' 等于分度圆压力角 α（图 8-11a）。

当两齿轮的实际中心距 a' 与标准中心距 a 不相同时，通常是将中心距增大（图 8-11b），这时两齿轮的分度圆不再相切，而是相互分离。两齿轮的节圆半径将大于各自的分度圆半

径，其啮合角 α' 也将大于分度圆的压力角 α。这种情况称为非标准安装。此时，两齿轮的分度圆、基圆相互远离，顶隙 c 大于标准值 c^*m，轮齿为有侧隙啮合。注意：非标准安装一般是不允许的。若需要实际中心距不等于标准中心距，常采用斜齿轮或变位齿轮来解决这一问题（参见本章斜齿轮、变位齿轮相关内容）。

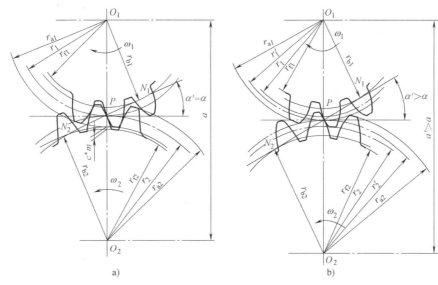

图 8-11　齿轮传动的安装

a）标准安装　b）非标准安装

因 $r_b = r\cos\alpha = r'\cos\alpha'$，故有 $r_{b1} + r_{b2} = (r_1 + r_2)\cos\alpha = (r_1' + r_2')\cos\alpha'$，可得齿轮的中心距与啮合角的关系式为

$$a'\cos\alpha' = a\cos\alpha \qquad (8\text{-}12)$$

齿轮齿条啮合传动时，因为齿条的齿廓是直线，不论是否为标准安装，齿条啮合线 N_1N_2 的位置始终保持不变，节点 P 的位置也就没有变化（图 8-12）。故齿轮的节圆恒与其分度圆重合，其啮合角 α' 恒等于分度圆压力角 α、齿条压力角 α。齿轮齿条非标准安装时，齿条的节线与其分度线将不再重合。

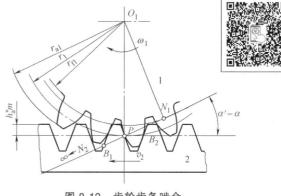

图 8-12　齿轮齿条啮合

8.5.3　渐开线直齿圆柱齿轮的连续传动条件

图 8-13 所示为一对外啮合渐开线直齿圆柱齿轮传动。设主动齿轮 1 以 ω_1 沿顺时针方向转动，齿轮 2 为从动齿轮，直线 N_1N_2 为啮合线。现由图 8-13 分析这对齿轮的啮合过程。首先，轮齿进入啮合时，从动齿轮 2 的齿顶圆与啮合线 N_1N_2 相交，交点为 B_2，即 B_2 点是一对轮齿开始进入啮合时的起始点，该点是从动齿轮 2 的齿顶位置，也是主动齿轮靠近齿根的位置。随着这对轮齿啮合过程的继续进行，两齿廓的啮合点将沿着啮合线向左下方移动。在这个过程中，啮合点沿着从动齿轮齿廓由齿顶逐步移动到靠近其齿根的位置，同时该过程对

于主动齿轮来说，啮合点沿着主动齿轮齿廓由靠近其齿根的位置逐步移动到其齿顶。当啮合点移动到主动齿轮 1 的齿顶 B_1 点时，两轮齿即将脱离啮合。因此，B_1 点是主动齿轮 1 的齿顶圆与啮合线 N_1N_2 的交点，也是啮合的终止点。以上就是一对轮齿的啮合过程。

从一对轮齿的啮合过程看，啮合点实际所走过的轨迹只是啮合线 N_1N_2 上的 $\overline{B_1B_2}$ 这一段，所以称 $\overline{B_1B_2}$ 为实际啮合线段。考虑到基圆以内没有渐开线，因此，啮合线 $\overline{N_1N_2}$ 是理论上可能达到的最长啮合线段，称其为理论啮合线段，称 N_1、N_2 点为啮合极限点。

为了能够保持两齿轮连续地传动，当一对轮齿即将退出啮合时，下一对轮齿应该已经进入啮合。为此，要求实际啮合线段 $\overline{B_1B_2}$ 应大于或等于齿轮的法向齿距 p_b（图 8-14）。$\overline{B_1B_2}$ 与 p_b 的比值称为齿轮传动的重合度，记为 ε_α。因此，为了确保齿轮连续传动，应有

$$\varepsilon_\alpha = \frac{\overline{B_1B_2}}{p_b} \geq 1 \tag{8-13}$$

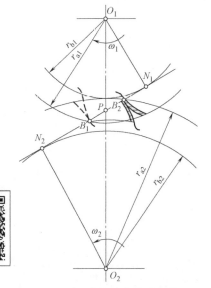

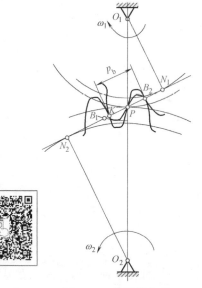

图 8-13　齿轮连续传动条件　　　　图 8-14　齿轮重合度

由图 8-15 和式（8-13）可推导出重合度 ε_α 的计算公式为

$$\varepsilon_\alpha = \frac{\overline{B_1B_2}}{p_b} = \frac{\overline{B_1P}+\overline{PB_2}}{\pi m\cos\alpha} = \frac{z_1(\tan\alpha_{a1}-\tan\alpha')+z_2(\tan\alpha_{a2}-\tan\alpha')}{2\pi} \tag{8-14}$$

其中
$$\overline{B_1P}=\overline{B_1N_1}-\overline{PN_1}=\frac{mz_1}{2}\cos\alpha(\tan\alpha_{a1}-\tan\alpha')$$

$$\overline{B_2P}=\overline{B_2N_2}-\overline{PN_2}=\frac{mz_2}{2}\cos\alpha(\tan\alpha_{a2}-\tan\alpha')$$

式中，α' 为啮合角；α_{a1}、α_{a2} 分别为齿轮 1、2 的齿顶圆压力角。

重合度 ε_α 也可根据图 8-15 利用作图法求得。

由式（8-14）可知，重合度 ε_α 与模数 m 无关，它随齿数 z 的增多而加大，对于按标准中心距安装的标准齿轮传动，当两齿轮的齿数趋于无穷大时的极限重合度 $\varepsilon_{\alpha max}=1.981$。重合度 ε_α 还随啮合角 α' 的减小和齿顶高系数 h_a^* 的增大而增大。

重合度的大小表示同时参与啮合的轮齿对数。$\varepsilon_\alpha > 1$ 表明齿轮传动过程中有部分时间内至少有两对轮齿同时参与啮合。如图 8-15 所示，当前一对轮齿的啮合点走到 C_2 点时，后一对轮齿在 B_2 点开始进入啮合，该瞬时有两对轮齿同时参与啮合。随后，两啮合点分别由 B_2 移动至 C_1、C_2 移动至 B_1，这一阶段称为双齿啮合，$B_2 C_1$ 和 $B_1 C_2$ 区段即双齿啮合区。在后一对轮齿啮合点越过 C_1 之后，啮合点进入 $C_1 C_2$ 区段，此时前一对轮齿已脱离啮合，因此 $C_1 C_2$ 区段称为单齿啮合区。

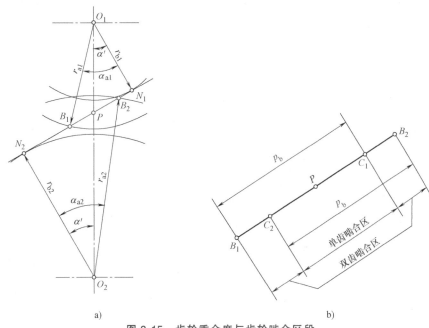

a)　　　　　　　　　　　　b)

图 8-15　齿轮重合度与齿轮啮合区段

重合度大，意味着同时参与啮合的轮齿对数多，齿轮传动平稳，载荷变动量小。因此，重合度大小对衡量齿轮传动能力有重要意义。

例　有一对正常齿制的外啮合渐开线标准直齿圆柱齿轮，已知 $z_1 = 19$、$z_2 = 46$、$\alpha = 20°$、$m = 5\text{mm}$。试求：

1）按标准中心距安装时，这对齿轮传动的重合度 ε_α。

2）为保证这对齿轮能连续传动，其允许的最大中心距 a'、顶隙 c 和侧隙 δ。

解　1）两齿轮的分度圆半径、齿顶圆半径、齿顶圆压力角分别为

$$r_1 = \frac{mz_1}{2} = \frac{5\text{mm} \times 19}{2} = 47.5\text{mm}$$

$$r_2 = \frac{mz_2}{2} = \frac{5\text{mm} \times 46}{2} = 115\text{mm}$$

$$r_{a1} = r_1 + h_a^* m = (47.5 + 1 \times 5)\text{mm} = 52.5\text{mm}$$

$$r_{a2} = r_2 + h_a^* m = (115 + 1 \times 5)\text{mm} = 120\text{mm}$$

$$\alpha_{a1} = \arccos \frac{r_1 \cos\alpha}{r_{a1}} = \arccos \frac{47.5 \times \cos 20°}{52.5} = 31.77°$$

$$\alpha_{a2} = \arccos \frac{r_2 \cos\alpha}{r_{a2}} = \arccos \frac{115 \times \cos 20°}{120} = 25.77°$$

又因两齿轮按标准中心距安装，故 $\alpha' = \alpha$。于是，由式（8-14）可得

$$\varepsilon_{\alpha} = \frac{z_1(\tan\alpha_{a1} - \tan\alpha) + z_2(\tan\alpha_{a2} - \tan\alpha)}{2\pi}$$

$$= \frac{19 \times (\tan 31.77° - \tan 20°) + 46 \times (\tan 25.77° - \tan 20°)}{2\pi}$$

$$= 1.64$$

2）为保证这对齿轮能连续传动，必须满足重合度 $\varepsilon_{\alpha} \geqslant 1$，即

$$\varepsilon_{\alpha} = \frac{z_1(\tan\alpha_{a1} - \tan\alpha) + z_2(\tan\alpha_{a2} - \tan\alpha)}{2\pi} \geqslant 1$$

故得啮合角为

$$\alpha' \leqslant \arctan \frac{z_1 \tan\alpha_{a1} + z_2 \tan\alpha_{a2} - 2\pi}{z_1 + z_2}$$

$$= \arctan \frac{19 \times \tan 31.77° + 46 \times \tan 25.77° - 2\pi}{19 + 46}$$

$$= 23.075°$$

于是，由式（8-12）可得这对齿轮传动的中心距为

$$a' = \frac{a \cos\alpha}{\cos\alpha'} = \frac{(r_1 + r_2) \cos\alpha}{\cos\alpha'}$$

$$\leqslant (47.5 + 115) \text{mm} \times \frac{\cos 20°}{\cos 23.075°} = 165.980 \text{mm}$$

即为保证这对齿轮能连续传动，其最大中心距为 165.980mm。

顶隙为

$$c = a' - a + c^* m = (165.980 - 162.5 + 0.25 \times 5) \text{mm} = 4.730 \text{mm}$$

侧隙为

$$\delta = p' - (s'_1 + s'_2)$$

其中

$$p' = p \frac{\cos\alpha}{\cos\alpha'} = \pi \times 5 \times \frac{\cos 20°}{\cos 23.075°} \text{mm} = 16.044 \text{mm}$$

$$s'_1 = s \frac{r_{a1}}{r_1} - 2 r_{a1}(\text{inv}\alpha' - \text{inv}\alpha)$$

$$= \left[\frac{5\pi}{2} \times \frac{52.5}{47.5} - 2 \times 52.5 \times (\text{inv}23.075° - \text{inv}20°) \right] \text{mm} = 7.800 \text{mm}$$

$$s'_2 = s \frac{r_{a2}}{r_2} - 2 r_{a2}(\text{inv}\alpha' - \text{inv}\alpha)$$

$$= \left[\frac{5\pi}{2} \times \frac{120}{115} - 2 \times 120 \times (\text{inv}23.075° - \text{inv}20°) \right] \text{mm} = 6.183 \text{mm}$$

故

$$\delta = [16.044 - (7.800 + 6.183)] \text{mm} = 2.061 \text{mm}$$

8.6 渐开线齿廓的切制原理与根切现象

8.6.1 渐开线齿廓切制的基本原理

齿轮加工方法包括铸造、模锻、冷轧、热轧、切削加工等，其中切削加工法最为常见。按切削原理不同，切削法又可分为仿形法和展成法。

1. 仿形法

仿形法是在铣床上，采用切削刃形状与被切齿轮的齿槽两侧齿廓形状相同的铣刀逐个对齿槽进行切制。由于齿廓渐开线的形状随基圆大小的不同而不同，即便当齿轮模数和压力角相同时，齿廓形状仍随齿数不同而变化。因此要切出完全准确的齿廓，在加工模数和压力角相同而齿数不同齿轮时，每一个齿数的齿轮就需要配一把铣刀，显然这是极其不经济的。因此实际加工时，根据齿数不同，一般只备有数种铣刀，每种铣刀对应被切制齿轮的一定齿数范围。由于铣刀数量有限，被切齿轮的齿廓不理想，精度也较差。此外，加工时的分度误差也会影响齿轮精度，且会因加工不连续而使生产率低。但是，仿形法可以在普通铣床上加工齿轮，因此适用于单件精度要求不高或大模数的齿轮加工，也经常用于人字齿轮的加工。

2. 展成法

展成法是目前齿轮加工中最常用的一种方法，如插齿、滚齿、磨齿等都属于展成法。展成法是利用齿廓啮合基本定律来切制齿廓的。假想将一对相啮合的齿轮（或齿轮与齿条）之一作为刀具，而另一个齿轮作为轮坯，并保证两者按设定的传动比传动，刀具同时做切削运动，则可在轮坯上加工出与刀具齿廓共轭的齿轮齿廓。

（1）齿轮插刀插齿加工过程　图 8-16 所示为用齿轮插刀加工齿轮的情形。齿轮插刀是一个具有切削刃的外啮合齿轮，其模数和压力角均与被加工齿轮相同。加工时，将插刀和轮坯装在专用插齿机床上，通过机床的传动系统使插刀与轮坯按恒定的传动比 $i = \omega_刀/\omega_坯 = z_坯/z_刀$ 做回转运动（范成运动），并使插刀沿轮坯齿宽方向（对直齿圆柱齿轮而言即轴线方向）做往复运动（切削运动）。在切削过程中，插刀还需向轮坯中心逐渐移动至规定的中心距，以便切出轮齿的高度（进给运动）。此外，为防止插刀向上退刀时擦伤已切好的齿面，轮坯还需做小距离的移动（让刀运动）。这样，刀具的渐开线齿廓就可在轮坯上切出与其共轭的渐开线齿廓。

（2）齿条插刀插齿加工过程　图 8-17 所示为用齿条插刀加工齿轮的情形。加工时，轮坯以角速度 ω 转动，齿条插刀以速度 $v = d\omega/2 = mz\omega/2$ 移动（范成运动）。其切齿原理与用齿轮插刀加工齿轮的原理相似。

（3）滚刀滚齿加工过程　无论是用齿轮插刀还是齿条插刀加工齿轮，其切削都是不连续的。在生产中，生产率更高且应用更广泛的方法，是采用齿轮滚刀加工齿轮，如图 8-18 所示。

滚刀的形状为一开有断续的螺旋，截断的部位即为刀口（图 8-18b）。用滚刀加工直齿轮时，滚刀的轴线与轮坯端面之间的夹角应等于滚刀的导程角 γ（图 8-18c）。这样，在切削啮合处，滚刀螺纹的切线方向恰与轮坯的齿向相同，而滚刀在轮坯端面上的投影相当于一个齿条（图 8-18d）。滚刀转动时，一方面产生切削运动，另一方面相当于齿条在移动，从而

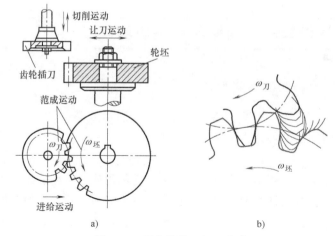

图 8-16　用齿轮插刀加工齿轮

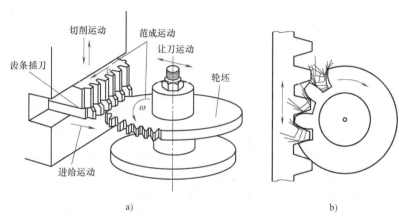

图 8-17　用齿条插刀加工齿轮

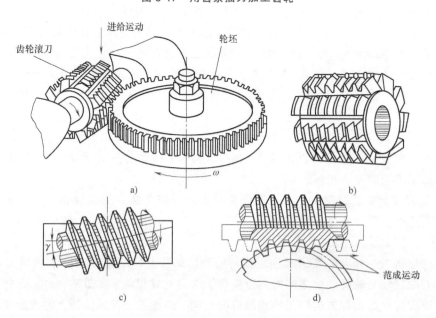

图 8-18　用齿轮滚刀加工齿轮

与轮坯转动一起构成范成运动。故滚刀切制齿轮的原理与齿条插刀相似，只不过用滚刀的螺旋运动代替了插刀的切削运动和范成运动。此外，为了切制具有一定轴向宽度的齿轮，滚刀还需沿轮坯轴线方向做缓慢的进给运动。

用展成法加工齿轮时，只要刀具的模数、压力角与被切齿轮的模数、压力角分别相等，则无论被加工齿轮的齿数多少，都可用同一把刀具进行加工。与仿形法相比，展成法的生产率高，加工的齿轮精度好，故应用更广泛。

8.6.2 用展成法加工标准齿轮时齿条型刀具的位置

图 8-19 所示为标准齿条型刀具的齿形，它与普通齿条齿廓相似，只是这种刀具较标准齿条在齿顶部高出 c^*m 一段。其作用是切出轮齿根部的非渐开线齿廓曲线（过渡曲线），以保证齿轮传动时的顶隙 c。正常情况下，过渡曲线不参与啮合。为此在以后的讨论中，刀具齿顶高出的这一部分将不再提及，而认为齿条型刀具的齿顶高为 h_a^*m。

用标准齿条插刀以展成法加工标准齿轮时，标准齿条型刀具与轮坯的距离应符合标准安装的规定，如图 8-20 所示。

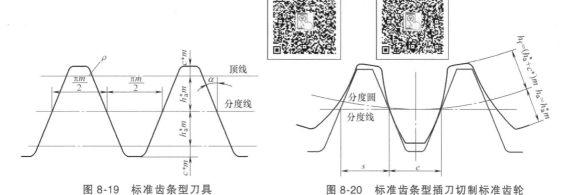

图 8-19　标准齿条型刀具　　　　图 8-20　标准齿条型插刀切制标准齿轮

8.6.3 渐开线齿轮的根切现象和标准齿轮不发生根切的最少齿数

1. 根切现象

用展成法切制齿轮时，有时刀具的顶部会过多地切入轮齿根部，从而将齿根的渐开线切去一部分，这种现象称为轮齿的根切（图 8-21a）。轮齿的根切将使齿根弯曲强度降低，齿轮传动的重合度和平稳性也会有所降低，因此应尽量避免。

图 8-21b 所示为用标准齿条型刀具切制标准齿轮时出现根切现象的原因。图中刀具的分度线与被切齿轮的分度圆相切，B_1B_2 为实际啮合段。刀具的切削刃将从啮合线上 B_1 点处开始切削被切齿轮的渐开线齿廓，切至啮合线与刀具齿顶线的交点 B_2 处时，被切齿轮齿廓的渐开线部分已被全部切出。若 B_2 点离啮合极限点 N_1 较远，则被切齿轮的齿廓从 B_2 点开始至齿顶为渐开线，而在 B_2 点到齿根圆之间为一段由刀具齿顶所形成的非渐开线过渡曲线。若被切齿轮的齿数很少，因其基圆半径较小，被加工齿轮中心为 O_1'，理论啮合点 N_1' 和 B_2 重合，则切削刃最后切出的渐开线会达到渐开线的根部。若进一步减少被切齿轮的齿数，以至于啮合极限点 N_1'' 落在 B_2 点的左下方，则刀具的齿顶就会把轮齿本已切好的一部分齿根渐开线齿廓切去，从而形成根切。以上分析说明，用展成法切齿时，如果刀具的齿顶线超过了啮合线与轮坯基圆的切点 N_1，则被切齿轮的轮齿必将发生根切现象。

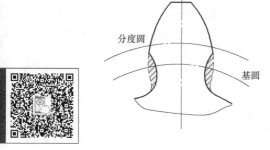

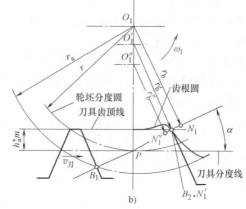

图 8-21　根切现象及其产生原因

2. 标准齿轮不发生根切的最少齿数

为了避免产生根切现象，啮合极限点 N_1 必须位于刀具齿顶线以上。即应使 $\overline{PN_1}\sin\alpha \geqslant h_a^* m$，由此可求得被切齿轮不发生根切的最少齿数为

$$z_{\min} = \frac{2h_a^*}{\sin^2\alpha} \tag{8-15}$$

由此可见，标准齿轮不发生根切现象的最小齿数是齿顶高系数和分度圆压力角的函数。当 $h_a^* = 1$、$\alpha = 20°$ 时，$z_{\min} = 17$。但是，当轮齿有轻微根切时，由于增大了齿根圆角半径，而这对轮齿抗弯强度有利，故工程上也常允许轮齿发生轻微根切，这时可取 $z_{\min} = 14$。

8.7　渐开线变位齿轮传动

8.7.1　变位齿轮的概念

标准齿轮传动虽具有设计简单、互换性好等一系列优点，但其也有一些不足之处：

1）要求齿轮齿数 $z \geqslant z_{\min}$，否则将产生根切现象。

2）当要求齿轮传动的实际中心距不等于标准中心距时，不适合采用标准齿轮。

3）一对相互啮合的标准齿轮中的小齿轮，其齿廓渐开线的曲率半径较小，齿根厚度也较小，参与啮合的次数又较多。因此，小齿轮的强度和寿命较低，进而影响到整个齿轮传动的承载能力。

为了改善标准齿轮的上述不足，就必须突破标准齿轮的限制，对齿轮进行必要的修正。现在应用最为广泛的方法是变位修正法，用该方法切制的齿轮称为变位齿轮。

变位修正法实质上是通过改变刀具与轮坯的相对位置来切制齿轮。与切制标准齿轮的刀具位置相比，用 xm 表示刀具移动的距离，称为变位量，其中 x 称为变位系数。

用变位修正法切制齿轮时，齿条刀具的分度线不与轮坯的分度圆相切，而是与轮坯的分度圆相离或相割。这样，与被切齿轮分度圆相切并做纯滚动的已不再是刀具的分度线，而是另一条与分度线平行的直线，称为刀具节线，如图 8-22 所示。当刀具分度线与轮坯分度圆

相离 xm 时，刀具远离齿坯中心，$x>0$，称为正变位，加工出来的齿轮为正变位齿轮；反之，当刀具分度线与轮坯分度圆相割 xm 时，刀具靠近齿坯中心，$x<0$，称为负变位，加工出的齿轮为负变位齿轮。

与相同参数（模数和压力角相同）的标准齿轮相比，变位齿轮的分度圆、基圆、齿距、基圆齿距、全齿高不变，而齿顶圆、齿根圆、齿顶高、齿根高、分度圆齿厚和齿槽宽等均发生了改变（参见8.7.3节）。又因变位齿轮的模数、压力角不变，其基圆不变，决定了变位齿轮齿廓和标准齿轮齿廓是同一条渐开线，发生改变的仅仅是变位齿轮的齿廓曲率半径：正变位齿轮齿廓是离基圆较远的一段渐开线，其平均曲率半径较大；负变位齿轮齿廓是离基圆较近的一段渐开线，其平均曲率半径较小，如图 8-23 所示。显然，正变位齿轮齿根部分的齿厚增大，齿轮的抗弯强度得到提高，但齿顶减薄；负变位齿轮则与其相反。

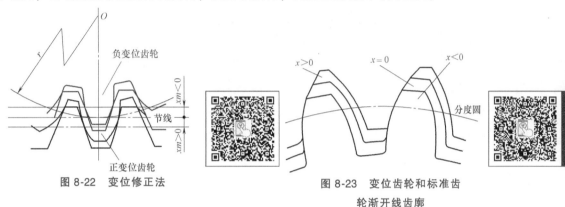

图 8-22　变位修正法　　　　　　　　　图 8-23　变位齿轮和标准齿轮渐开线齿廓

8.7.2　被切齿轮无根切时刀具的最小变位系数

用展成法加工齿数少于最小齿数的齿轮时，为避免发生根切，必须采用正变位加工。当加工正变位齿轮时，应保证刀具的齿顶线正好通过理论啮合极限点 N_1，此时刀具的移动量（变位量 xm）最小，其最小变位系数 $x_{\min}$ 的计算方法如下。

如图 8-24 所示，为了使刀具齿顶线上的 B_2 点不超过 N_1 点，应保证

$$(h_a^* - x)m \leqslant \overline{PN_1}\sin\alpha$$

由于 $\overline{PN_1} = \dfrac{mz}{2}\sin\alpha$，代入上式得

$$x_{\min} = h_a^* - \frac{z}{2}\sin^2\alpha$$

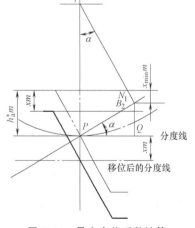

将式（8-15）代入上式，整理可得不发生根切的最小变位系数为

$$x_{\min} = h_a^* \frac{z_{\min}-z}{z_{\min}} \tag{8-16}$$

图 8-24　最小变位系数计算

由式（8-16）可知，当被切齿数 $z<z_{\min}$ 时，$x_{\min}$ 为正值，必须切制正变位齿轮且 $x>x_{\min}$ 才可避免发生根切；当被切齿数 $z>z_{\min}$ 时，$x_{\min}$ 为负值，只要保证 $x>x_{\min}$，即使切制负变位

齿轮也不至于发生根切。所以，若仅从避免发生根切的角度考虑，当 x_{min} 为正时，就必须采用正变位；当 x_{min} 为负时，则采用正变位、负变位、不变位均可。

8.7.3 变位齿轮的几何尺寸

如图 8-25 所示，切制正变位齿轮时，与被切齿轮分度圆相切的是刀具节线。刀具节线上的齿槽宽较刀具分度线上的齿槽宽增大了 $2\overline{KJ}$，由于轮坯分度圆与刀具节线做纯滚动，因此正变位齿轮齿厚也增大了 $2\overline{KJ}$。而由 $\triangle IJK$ 可知，$\overline{KJ}=xm\tan\alpha$。因此，正变位齿轮的齿厚为

$$s = \frac{\pi m}{2}+2\overline{KJ}=\left(\frac{\pi}{2}+2x\tan\alpha\right)m \tag{8-17}$$

又由于齿条型刀具的齿距恒等于 πm，因此正变位齿轮的齿槽宽为

$$e=\left(\frac{\pi}{2}-2x\tan\alpha\right)m \tag{8-18}$$

如图 8-25 所示，采用正变位量 xm 切出的正变位齿轮，其齿根高较标准齿轮减小了 xm，即

$$h_f=h_a^*m+c^*m-xm=(h_a^*+c^*-x)m \tag{8-19}$$

为了保持全齿高不变（暂不计保持全齿高不变对顶隙的影响），齿顶高应较标准齿轮增大 xm，这时齿顶高为

$$h_a=h_a^*m+xm=(h_a^*+x)m \tag{8-20}$$

因此，齿顶圆半径为

$$r_a=r+(h_a^*+x)m \tag{8-21}$$

对于负变位齿轮，上述公式同样适用，只需注意其变位系数 x 为负。

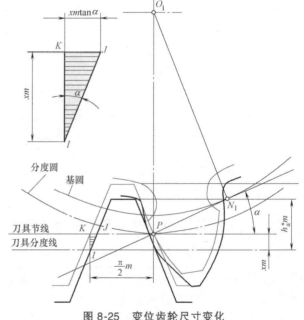

图 8-25　变位齿轮尺寸变化

8.7.4 变位齿轮传动

1. 变位齿轮传动的条件

变位齿轮传动的正确啮合条件与标准齿轮传动相同［式（8-10）］；其连续传动条件也与标准齿轮传动相同［式（8-13）］。另外，变位齿轮传动也应满足无侧隙啮合和顶隙为标准值的要求。

2. 变位齿轮传动的无侧隙啮合方程

为保证无侧隙啮合，一齿轮在节圆上的齿厚 s' 应等于另一齿轮在节圆上的齿槽宽 e'，即 $s_1'=e_2'$ 或 $s_2'=e_1'$。因此，两齿轮节圆上的齿距为

$$p'=s_1'+e_1'=s_2'+e_2'=s_1'+s_2' \tag{8-22}$$

根据 $r_b=r\cos\alpha=r'\cos\alpha'$ 可推得

$$\frac{p'}{p}=\frac{2\pi r'/z}{2\pi r/z}=\frac{r'}{r}=\frac{\cos\alpha}{\cos\alpha'}$$

$$p' = p\frac{\cos\alpha}{\cos\alpha'}$$

将上式代入式（8-22），得

$$p\frac{\cos\alpha}{\cos\alpha'} = s_1' + s_2'$$

由式（8-5）可得

$$s_1' = s_1\frac{r_1'}{r_1} - 2r_1'(\text{inv}\alpha' - \text{inv}\alpha)$$

$$s_2' = s_2\frac{r_2'}{r_2} - 2r_2'(\text{inv}\alpha' - \text{inv}\alpha)$$

式中

$$s_1 = \frac{\pi m}{2} + 2x_1 m\tan\alpha$$

$$s_2 = \frac{\pi m}{2} + 2x_2 m\tan\alpha$$

将其代入式（8-22）并整理后，得

$$\text{inv}\alpha' = 2\tan\alpha\frac{x_1 + x_2}{z_1 + z_2} + \text{inv}\alpha \tag{8-23}$$

式（8-23）称为无侧隙啮合方程，用该方程求出啮合角后，可根据 $r_b = r\cos\alpha = r'\cos\alpha'$ 求出两齿轮的节圆半径 r_1' 和 r_2'。则变位齿轮传动的中心距 a' 为

$$a' = r_1' + r_2' = \frac{\cos\alpha}{\cos\alpha'}(r_1 + r_2) = \frac{\cos\alpha}{\cos\alpha'}a \tag{8-24}$$

因此，若两齿轮变位系数之和 $(x_1 + x_2)$ 不等于零，则两齿轮啮合角 α' 将不等于分度圆压力角，实际中心距也不等于标准中心距。设两齿轮无侧隙啮合时的中心距为 a'，它与标准中心距之差为 ym，则

$$a' = a + ym \tag{8-25}$$

式中，y 为中心距变动系数；ym 为两齿轮分度圆之间的分离量。

根据式（8-24）和式（8-25），得

$$y = \frac{(z_1 + z_2)(\cos\alpha/\cos\alpha' - 1)}{2} \tag{8-26}$$

式（8-23）和式（8-24）是变位齿轮传动计算的核心公式，它们将变位系数和齿轮传动的啮合角及中心距联系了起来。

3. 变位齿轮的齿高变化

由于刀具切制齿轮时发生了移位，变位齿轮的齿根高也相应发生了变化（图8-23）。正变位齿轮的齿根高缩小了，而齿顶高则增大了相应的量。但是，只要相互啮合的一对齿轮变位系数之和不为零，齿轮传动中两齿轮的齿顶圆和齿根圆之间的顶隙就会减小，现分析如下。

设保证两齿轮之间具有标准顶隙 $c = c^* m$ 的中心距为 a''，则 a'' 应等于

$$a'' = r_{a1} + c + r_{f2} = r_1 + (h_a^* + x_1)m + c^* m + r_2 - (h_a^* + c^* - x_2)m$$

$$= a + (x_1 + x_2)m \tag{8-27}$$

将式（8-27）与式（8-25）比较，显然只有当 $y=x_1+x_2$ 时，才可同时满足无侧隙啮合和顶隙为标准值两个要求。可以证明，只要 $x_1+x_2 \neq 0$，总有 $x_1+x_2>y$，即 $a''>a'$。工程上为解决这一矛盾，采用如下办法：两齿轮按无侧隙中心距 $a'=a+ym$ 安装，并将两齿轮的齿顶高各减小 Δym，以满足标准顶隙要求。Δy 称为齿顶高降低系数，其值为

$$\Delta y = (x_1+x_2)-y \tag{8-28}$$

这时，齿轮的齿顶高为

$$h_a = h_a^* m + xm - \Delta ym = (h_a^* + x - \Delta y)m \tag{8-29}$$

4. 变位齿轮传动类型及其特点

按照相互啮合的两齿轮的变位系数和 (x_1+x_2) 之值不同，可将变位齿轮传动分为以下三种基本类型：

1) $x_1+x_2=0$ 且 $x_1=x_2=0$。此类齿轮传动为标准齿轮传动。

2) $x_1+x_2=0$ 且 $x_1=-x_2 \neq 0$。此类齿轮传动称为等变位齿轮传动（又称高度变位齿轮传动）。由于 $x_1+x_2=0$，故

$$\alpha'=\alpha, \quad a'=a, \quad y=0, \quad \Delta y=0$$

对于等变位齿轮传动，为了有利于强度的提高，小齿轮应采用正变位，大齿轮则采用负变位，尽可能使大、小齿轮的强度趋于接近，从而使齿轮的承载能力得到提高。

3) $x_1+x_2 \neq 0$。此类齿轮传动称为不等变位齿轮传动（又称为角度变位齿轮传动）。当 $x_1+x_2>0$ 时，称为正传动；当 $x_1+x_2<0$ 时，称为负传动。

正传动时，可知

$$\alpha'>\alpha, \quad a'>a, \quad y>0, \quad \Delta y>0$$

即在正传动中，其啮合角 α' 大于分度圆压力角 α，中心距 a' 大于标准中心距 a，两轮的分度圆分离，齿顶高需缩减。

正传动的优点是可以减小齿轮机构的尺寸，能使齿轮机构的承载能力有较大提高；其缺点是由于啮合角增大和实际啮合线段缩短，会使重合度减小较多。

负传动时，可知

$$\alpha'<\alpha, \quad a'<a, \quad y<0, \quad \Delta y>0$$

负传动的优缺点正好与正传动的优缺点相反，即其重合度略有增加，但轮齿的强度有所下降，所以负传动只用于配凑中心距这种有特殊需要的场合。

综上所述，采用变位修正法制造渐开线齿轮，不仅可以避免发生根切，还可以通过这种方法来提高齿轮传动的承载能力、配凑中心距和减小机构的几何尺寸等，并且仍可采用标准刀具，并不增加制造的困难。正因为如此，变位齿轮传动得到了广泛应用。

外啮合变位直齿圆柱齿轮传动的计算公式见表8-5。

表 8-5　外啮合变位直齿圆柱齿轮传动的计算

名称	符号	标准齿轮传动	等变位齿轮传动	不等变位齿轮传动
变位系数	x	$x_1=x_2=0$	$x_1=-x_2$ $x_1+x_2=0$	$x_1+x_2 \neq 0$
节圆直径	d'	$d_i'=d_i=z_i m \ (i=1,2)$		$d_i'=d_i \cos\alpha/\cos\alpha'$
啮合角	α'	$\alpha'=\alpha$		$\cos\alpha'=a\cos\alpha/a'$
齿顶高	h_a	$h_a=h_a^* m$	$h_{ai}=(h_a^*+x_i)m$	$h_{ai}=(h_a^*+x_i+\Delta y)m$

（续）

名称	符号	标准齿轮传动	等变位齿轮传动	不等变位齿轮传动
齿根高	h_f	$h_f = (h_a^* + c^*)m$	$h_{fi} = (h_a^* + c^* - x_i)m$	
齿顶圆直径	d_a	$d_{ai} = d_i + 2h_{ai}$		
齿根圆直径	d_f	$d_{fi} = d_i - 2h_{fi}$		
中心距	a	$a = (d_1 + d_2)/2$		$a' = (d'_1 + d'_2)/2$
中心距变动系数	y	$y = 0$		$y = (a' - a)/m$
齿顶高降低系数	Δy	$\Delta y = 0$		$\Delta y = x_1 + x_2 - y$

8.8　斜齿圆柱齿轮传动

直齿圆柱齿轮传动时，轮齿的啮合是沿整个齿宽同时接触或同时分离，所以比较容易引起振动和噪声，为此可改用斜齿圆柱齿轮传动。

如图 8-26 所示，斜齿轮齿廓的形成原理与直齿轮基本相同，只是齿廓曲面上的直线 KK 不与基圆柱上的轴线平行，而是有一夹角 β_b，β_b 称为基圆柱上的螺旋角。当发生面 S 沿基圆柱做纯滚动时，发生面上的直线 KK 在空间展开的轨迹即为斜齿轮的齿廓曲面。

斜齿轮的齿廓曲面与其分度圆柱面相交的螺旋线的切线与齿轮轴线之间所夹的锐角，称为斜齿轮分度圆柱上的螺旋角，用 β 表示，简称为斜齿轮的螺旋角，如图 8-27 所示。齿轮螺旋的旋向有左、右之分，故螺旋角 β 也有正、负之别。由于斜齿轮上存在螺旋角 β，故当一对斜齿轮啮合传动时，其轮齿是先由一端进入啮合，逐渐过渡到轮齿的另一端面最终退出啮合，其齿面上的接触线先是由短变长，再由长变短。因此，斜齿轮的轮齿在交替啮合时所受的载荷是逐渐加上，再逐渐卸掉的，所以传动比较平稳，冲击、振动和噪声较小，故适用于高速、重载传动。

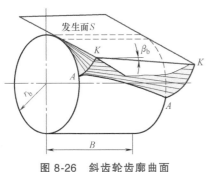

图 8-26　斜齿轮齿廓曲面

图 8-27　斜齿轮螺旋角

8.8.1　斜齿轮的基本参数与几何尺寸计算

在斜齿轮上，与轴线垂直的平面称为端面；与分度圆柱上的螺旋线垂直的方向称为法向。端面中的参数和法向参数分别加下标"t"和"n"表示。由于斜齿轮端面齿形和法向齿形是不相同的，因而斜齿轮的端面参数与法向参数也不相同。又由于在切制斜齿轮时，刀具进刀的方向一般是垂直于其法向的，故其法向参数（m_n、a_n、h_{an}^*、c_n^* 等）与刀具的参数相同，所以取为标准值。但在计算斜齿轮的几何尺寸时却需按端面参数进行，因此，必须建立法向参数与端面参数之间的换算关系。

把一斜齿轮的分度圆柱面展开成长方形，如图 8-28 所示，图中阴影线部分为轮齿，空白部分为齿槽。

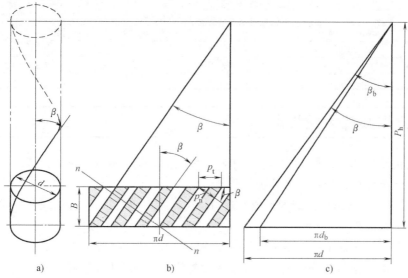

图 8-28　斜齿轮的螺旋角和基圆柱上的螺旋角

设斜齿轮螺旋线的导程为 P_h，由图 8-28c 可知

$$\tan\beta=\frac{\pi d}{P_h},\quad \tan\beta_b=\frac{\pi d_b}{P_h}$$

根据以上两式，可得

$$\frac{\tan\beta_b}{\tan\beta}=\frac{d_b}{d}=\cos\alpha_t \tag{8-30}$$

式中，α_t 为斜齿轮的端面压力角。

由图 8-28b 可知

$$p_n=p_t\cos\beta \tag{8-31}$$

根据 $p_n=\pi m_n$，$p_t=\pi m_t$，得

$$m_n=m_t\cos\beta \tag{8-32}$$

为便于分析，用斜齿条说明法向压力角与端面压力角之间的关系。图 8-29 所示为斜齿条的一个轮齿，$\triangle a'b'c$ 在法面上，$\triangle abc$ 在端面上。

由图可得　　$\tan\alpha_n=\tan\angle a'b'c=\dfrac{\overline{a'c}}{\overline{a'b'}}$

$$\tan\alpha_t=\tan\angle abc=\frac{\overline{ac}}{\overline{ab}}$$

由于 $\overline{ab}=\overline{a'b'}$，$\overline{a'c}=\overline{ac}\cos\beta$，故可得

$$\tan\alpha_n=\tan\alpha_t\cos\beta \tag{8-33}$$

不论从法向或端面看，斜齿轮的齿顶高和齿根高都是相同的，即

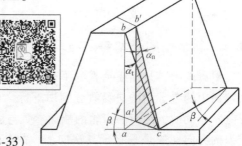

图 8-29　斜齿条的端面压力角和法向压力角

$$h_a = h_{an}^* m_n = h_{at}^* m_t$$

$$h_f = (h_{an}^* + c_n^*) m_n = (h_{at}^* + c_t^*) m_t$$

所以

$$h_{at}^* = h_{an}^* \cos\beta \qquad (8\text{-}34)$$

$$c_t^* = c_n^* \cos\beta \qquad (8\text{-}35)$$

式中，h_{at}^* 和 c_t^* 分别为端面齿顶高系数和顶隙系数。

从端面上看，一对斜齿轮传动相当于一对直齿轮传动，因此可将直齿轮的几何尺寸计算公式用于斜齿轮。渐开线标准斜齿圆柱齿轮传动（外啮合）参数的计算公式见表 8-6。

表 8-6 渐开线标准斜齿圆柱齿轮传动（外啮合）的计算公式

名　称	符号	计算公式
螺旋角	β	一般取 8°~20°
基圆柱螺旋角	β_b	$\tan\beta_b = \tan\beta\cos\alpha_t$
法向模数	m_n	按表 8-3，取标准值
端面模数	m_t	$m_t = m_n/\cos\beta$
法向压力角	α_n	$\alpha_n = 20°$
端面压力角	α_t	$\tan\alpha_t = \tan\alpha_n/\cos\beta$
法向齿距	p_n	$p_n = \pi m_n$
端面齿距	p_t	$p_t = \pi m_t = p_n/\cos\beta$
法向基圆齿距	p_{bn}	$p_{bn} = p_n\cos\alpha_n$
法向齿顶高系数	h_{an}^*	$h_{an}^* = 1$
法向顶隙系数	c_n^*	$c_n^* = 0.25$
分度圆直径	d	$d = zm_t = zm_n/\cos\beta$
基圆直径	d_b	$d_b = d\cos\alpha_t = zm_t\cos\alpha_t$
最少齿数	z_{min}	$z_{min} = z_{vmin}\cos^3\beta$
端面变位系数	x_t	$x_t = x_n\cos\beta$
齿顶高	h_a	$h_a = m_n(h_{an}^* + x_n)$
齿根高	h_f	$h_f = m_n(h_{an}^* + c_n^* - x_n)$
齿顶圆直径	d_a	$d_a = d + 2h_a$
齿根圆直径	d_f	$d_f = d - 2h_f$
法向齿厚	s_n	$s_n = (\pi/2 + 2x_n\tan\alpha_n)m_n$
端向齿厚	s_t	$s_t = (\pi/2 + 2x_t\tan\alpha_t)m_t$
中心距	a	$a = m_n(z_1 + z_2)/(2\cos\beta)$

注：1. m_t 应计算到小数点后四位，其余长度尺寸应计算到小数点后三位。

2. 螺旋角 β 的计算应精确到 ××°××′××″。

8.8.2　一对斜齿轮的啮合传动

1. 一对斜齿轮的正确啮合条件

斜齿轮正确啮合的条件是，除了模数及压力角应分别相等（$m_{n1} = m_{n2}$，$\alpha_{n1} = \alpha_{n2}$）外，其螺旋角还必须满足如下条件：对于外啮合，$\beta_1 = -\beta_2$；对于内啮合，$\beta_1 = \beta_2$。

2. 一对斜齿轮传动的重合度

为便于分析斜齿轮的重合度，现对端面尺寸相同的直齿轮与斜齿轮传动进行比较分析。如图 8-30 所示，上方为直齿轮，下方为斜齿轮。图中直线 B_2B_2 和 B_1B_1 之间的区域为轮齿啮合区。

对于直齿轮传动来说，轮齿在 B_2B_2 处是沿整个齿宽进入啮合的；在 B_1B_1 处脱离啮合时，也是沿整个齿宽同时脱离，故直齿轮的重合度为 $\varepsilon_\alpha = L/p_b$。

对于斜齿圆柱齿轮来说，由于轮齿倾斜了 β_b 角，当一对轮齿在前端面的 B_2B_2 处进入啮合时，后端面还未进入啮合；同样，当该对轮齿的前端面在 B_1B_1 处脱离啮合时，其后端面还未脱离啮合，直到该轮齿全部转到图中虚线末端位置时，这对轮齿才完全脱离接触。这样，斜齿轮传动的实际啮合区比直齿轮传动增大了 $\Delta L = B\tan\beta_b$。因此，斜齿轮传动的重合度比直齿轮传动大，设其增加部分的重合度用轴向重合度 ε_β 表示，则

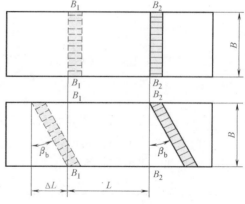

图 8-30　直齿轮和斜齿轮的啮合区

$$\varepsilon_\beta = \frac{\Delta L}{p_{bt}} = \frac{B\tan\beta_b}{p_{bt}}$$

将式（8-30）代入上式，得

$$\varepsilon_\beta = \frac{B\tan\beta\cos\alpha_t}{\pi m_n \cos\alpha_t / \cos\beta} = \frac{B\sin\beta}{\pi m_n} \tag{8-36}$$

所以斜齿轮传动的重合度为

$$\varepsilon = \varepsilon_\alpha + \varepsilon_\beta \tag{8-37}$$

式中，ε_α 为端面重合度。由于从端面上看，斜齿轮的啮合与直齿轮完全一样，因此可根据式（8-14）求得

$$\varepsilon_\alpha = \frac{z_1(\tan\alpha_{at1} - \tan\alpha_t') + z_2(\tan\alpha_{at2} - \tan\alpha_t')}{2\pi} \tag{8-38}$$

由式（8-36）可知，ε_β 随 β 和齿宽 B 的增加而增大，所以斜齿轮传动的重合度比直齿轮传动的重合度大得多。

3. 斜齿轮的当量齿轮与当量齿数

在切制斜齿轮时，刀具是沿螺旋形齿槽方向进刀的，而且在计算斜齿轮轮齿强度时，力也是作用在法向的，所以选择刀具时以法向参数为依据。为了研究斜齿轮的法向齿形而虚拟一个直齿轮，这个直齿轮的齿形与斜齿轮的法向齿形相当，则这一虚拟齿轮称为该斜齿轮的当量齿轮。

如图 8-31 所示，设经过斜齿轮分度圆柱向上的一点 C，作轮齿的法向 $n—n$，将斜齿轮的分度圆柱剖开，其剖面为一椭圆。在此剖面上 C 点附近的齿形可以近似视为该斜齿轮的法向齿形。现以椭圆上 C 点的曲率半径 ρ 为半径作一圆，作为一假想直齿轮的分度圆，以该斜齿轮的法向模数为假想直齿轮的模数，以该斜齿轮的法向压力角为假想直齿轮的压力角，作出的直齿轮齿形将与斜齿轮的法向齿形十分近似，故称该假想直齿轮为斜齿轮的当量齿轮，而其齿数即为当量齿数（用 z_v 表示）。

由图 8-31 可知，椭圆的长半轴 $a = d/(2\cos\beta)$，短半轴 $b = d/2$，可得椭圆在 C 点的曲率半径为

$$\rho = \frac{a^2}{b} = \frac{d}{2\cos^2\beta}$$

故得

$$z_v = \frac{2\rho}{m_n} = \frac{d}{m_n\cos^2\beta} = \frac{zm_t}{m_n\cos^2\beta} = \frac{z}{\cos^3\beta} \tag{8-39}$$

当量齿轮齿数 z_v 的作用通常是：选择刀号，计算齿轮强度，确定标准斜齿轮不发生根切的最小齿数等。

8.8.3　斜齿轮传动的主要优缺点

与直齿轮传动比较，斜齿轮传动主要的优点是：

1）啮合性能好，传动平稳、噪声小。

2）重合度大，降低了每对轮齿的载荷，提高了齿轮的承载能力。

3）不发生根切的最少齿数少。

斜齿轮传动的主要缺点是在运转时会产生轴向推力，如图 8-32a 所示。其轴向推力大小为

$$F_a = F_t\tan\beta$$

当圆周力 F_t 一定时，轴向推力 F_a 随螺旋角 β 的增大而增大。为了避免轴向推力过大，一般取 $\beta = 8°\sim20°$。若采用人字齿轮（图 8-32b），则其所产生的轴向推力可相互抵消，故其螺旋角 β 可取为 $25°\sim40°$。但人字齿轮制造比较麻烦，一般只用于高速重载传动中。

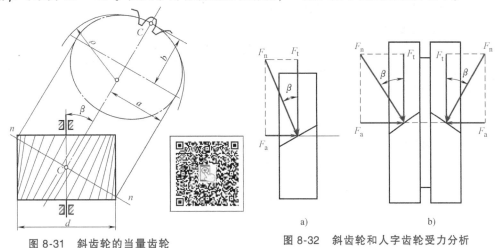

图 8-31　斜齿轮的当量齿轮　　　　图 8-32　斜齿轮和人字齿轮受力分析

📌 8.9　直齿锥齿轮传动

8.9.1　锥齿轮传动概述

锥齿轮传动用来传递两相交轴之间的运动和动力。在一般机械中，锥齿轮两轴之间的交角 $\Sigma = 90°$。如图 8-33 所示，锥齿轮的轮齿分布在一个圆锥面上，故在锥齿轮上有齿顶圆锥、分度圆锥和齿根圆锥等。又因锥齿轮是一个锥体，所以有大端和小端之分。为了计算和测量的方便，通常取锥齿轮大端的参数作为标准值，即大端的模数按表 8-7 选取，其压力角一

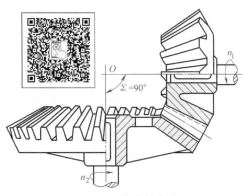

图 8-33　锥齿轮传动

般为 $20°$，齿顶高系数 $h_a^* = 1.0$，顶隙系数 $c^* = 0.2$。

表 8-7 锥齿轮标准模数系列（摘自 GB/T 12368—1990）　　　　　（单位：mm）

…	1	1.125	1.25	1.375	1.5	1.75	2	2.25	2.5	2.75	3	3.25	3.5	3.75	4	4.5	5	5.5	6	6.5	7
	8	9	10	11	12	14	16	18	20…										

锥齿轮的轮齿有直齿、斜齿、曲齿等多种形式。由于直齿锥齿轮的设计、制造和安装均较简单，故应用最为广泛。下面只讨论直齿锥齿轮。

8.9.2　直齿锥齿轮的理论齿廓

锥齿轮的齿廓曲线理论上说应是满足齿廓啮合基本定律的球面渐开线。锥齿轮齿廓曲线的形成原理是，一圆平面在基圆锥面上做纯

滚动，圆平面上的任意一点在空间展出一渐开线，该渐开线为球面渐开线。如图 8-34 所示，一圆平面 S 在一基圆锥上做纯滚动，设该圆平面 S 的半径与基圆锥的素线长度（锥距 R）相等，同时圆心 O 与锥顶重合，此圆平面边缘上的任意一点将在球面空间上展出一球面渐开线。所以直齿锥齿轮大端的齿廓曲线理论上应在以锥顶 O 为中心、锥距 R 为半径的球面上。

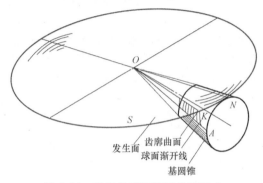

图 8-34　锥齿轮球面渐开线的形成

8.9.3　直齿锥齿轮的背锥及当量齿轮

虽然直齿锥齿轮的齿廓曲线在理论上是球面渐开线，但球面不能展开成平面，这给锥齿轮的设计和制造带来了很多困难。因此，不得不采用近似的平面齿廓曲线代替球面渐开线。

1. 直齿锥齿轮的背锥

如图 8-35 所示，上部为一对相互啮合的直齿锥齿轮在两轴线所在轴平面上的投影。$\triangle AOC$ 和 $\triangle BOC$ 分别为锥齿轮 1 和锥齿轮 2 的分度圆锥，线段 $\overline{OC}$ 即为锥距 R。下面以锥齿轮 1 为例，说明如何用近似的平面齿廓曲线代替球面渐开线。过 A 点作球面的切线 O_1A，并使 O_1A 与锥齿轮 1 的轴线交于 O_1 点。设想以 OO_1 为轴线，以 O_1A 为母线作一圆锥，则 $\triangle AO_1C$ 所代表的圆锥称为锥齿轮的背锥。类似的，图 8-34 中 $\triangle BO_2C$ 代表的圆锥是锥齿轮 2 的背锥。将背锥面展开成平面，也就是把球面渐开线近似成平面齿廓曲线来研究（图 8-35 下部）。

2. 直齿锥齿轮的当量齿轮和当量齿数

若将背锥展开为平面扇形，可得到扇形齿轮，

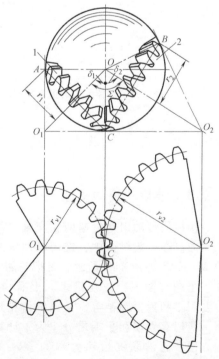

图 8-35　锥齿轮的背锥和当量齿数

并设想把展成的扇形齿轮的缺口补满，则将获得一个圆柱齿轮。这个假想的圆柱齿轮称为锥齿轮的当量齿轮，其齿数 z_v 称为锥齿轮的当量齿数。当量齿轮的齿形和锥齿轮在背锥上的齿形（即大端齿形）是一致的，故当量齿轮的模数和压力角与锥齿轮大端的模数和压力角是一致的。

如图 8-35 所示，锥齿轮 1 的当量齿轮的分度圆半径为

$$r_{v1} = \overline{O_1 C} = \frac{r_1}{\cos\delta_1} = \frac{z_1 m}{2\cos\delta_1}$$

式中，r_{v1} 为当量齿轮的分度圆半径（mm）；r_1 为锥齿轮的分度圆半径（mm），其值见锥齿轮尺寸计算（8.9.4 节）；δ_1 为锥齿轮的分度圆锥角（°）。

又知 $r_{v1} = z_{v1} m / 2$，故得

$$z_{v1} = \frac{z_1}{\cos\delta_1}$$

同理可得

$$z_{v2} = \frac{z_2}{\cos\delta_2}$$

则对于任一锥齿轮，有

$$z_v = z/\cos\delta \tag{8-40}$$

借助当量齿轮的概念，可以把前面对于圆柱齿轮传动所研究的一些结论直接应用于锥齿轮传动。例如，一对锥齿轮的正确啮合条件应为两锥齿轮大端的模数和压力角分别相等（除此之外，两锥齿轮的锥距必须相等）；一对锥齿轮传动的重合度可以近似地按其当量齿轮传动的重合度来计算；锥齿轮不发生根切的最少齿数 $z_{min} = z_{vmin}\cos\delta$。

8.9.4　直齿锥齿轮传动几何参数和尺寸计算

前面已指出，锥齿轮以大端参数为标准值，故在计算其几何尺寸时，也应以大端为准。如图 8-36 所示，两锥齿轮的分度圆直径分别为

$$d_1 = 2R\sin\delta_1 = mz_1, \quad d_2 = 2R\sin\delta_2 = mz_2$$
$$\tag{8-41}$$

两锥齿轮的传动比为

$$i_{12} = \frac{\omega_1}{\omega_2} = \frac{z_2}{z_1} = \frac{d_2}{d_1} = \frac{\sin\delta_2}{\sin\delta_1} \tag{8-42}$$

当两锥齿轮之间的轴交角 $\Sigma = 90°$ 时，因 $\delta_1 + \delta_2 = 90°$，式（8-42）变为

$$i_{12} = \frac{\omega_1}{\omega_2} = \frac{z_2}{z_1} = \frac{d_2}{d_1} = \cot\delta_1 = \tan\delta_2$$
$$\tag{8-43}$$

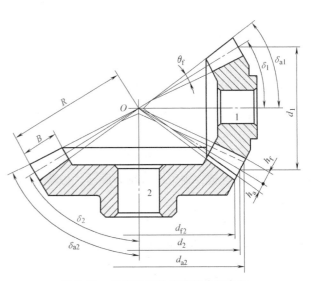

图 8-36　直齿锥齿轮传动的几何参数

在设计锥齿轮传动时，可根据给定的传动比 i_{12}，按式（8-43）确定两锥齿轮分度圆锥角的值。

至于锥齿轮齿顶圆锥角和齿根圆锥角的大小，则与两锥齿轮啮合传动时对其顶隙的要求有关。根据国家标准（GB/T 12369—1990，GB/T 12370—1990）的规定，现多采用等顶隙锥齿轮传动，如图 8-36 所示。两锥齿轮的顶隙从齿轮大端到小端是相等的，其分度圆锥及齿根圆锥的锥顶重合于一点。但两锥齿轮的齿顶圆锥，因其素线各自平行于与之啮合传动的另一锥齿轮的齿根圆锥的素线，故其锥顶不再与分度圆锥的锥顶相重合。这种锥齿轮相当于降低了轮齿小端的齿顶高，从而减少了齿顶过尖的可能性；而且可把齿根圆角半径取得大一些，提高了轮齿的承载能力。

标准直齿锥齿轮传动主要几何尺寸的计算公式见表 8-8。

表 8-8　标准直齿锥齿轮传动几何尺寸的计算公式（$\Sigma = 90°$）

名　称	代号	计算公式	
		小　齿　轮	大　齿　轮
分锥角	δ	$\delta_1 = \arctan(z_1/z_2)$	$\delta_2 = 90° - \delta_1$
齿顶高	h_a	$h_a = h_a^* m = m$	
齿根高	h_f	$h_f = (h_a^* + c^*)m = 1.2m$　（一般取 $c^* = 0.2$）	
分度圆直径	d	$d_1 = mz_1$	$d_2 = mz_2$
齿顶圆直径	d_a	$d_{a1} = d_1 + 2h_a\cos\delta_1$	$d_{a2} = d_2 + 2h_a\cos\delta_2$
齿根圆直径	d_f	$d_{f1} = d_1 - 2h_f\cos\delta_1$	$d_{f2} = d_2 - 2h_f\cos\delta_2$
锥距	R	$R = m\sqrt{z_1^2 + z_2^2}/2$	
齿根角	θ_f	$\tan\theta_f = h_f/R$	
顶锥角	δ_a	$\delta_{a1} = \delta_1 + \theta_f$	$\delta_{a2} = \delta_2 + \theta_f$
根锥角	δ_f	$\delta_{f1} = \delta_1 - \theta_f$	$\delta_{f2} = \delta_2 - \theta_f$
顶隙	c	$c = c^* m$	
分度圆齿厚	s	$s = \pi m/2$	
当量齿数	z_v	$z_{v1} = z_1/\cos\delta_1$	$z_{v2} = z_2/\cos\delta_2$
齿宽	B	$B \leqslant R/3$（取整）	

注：1. 当 $m \leqslant 1\text{mm}$ 时，$c^* = 0.25$，$h_f = 1.25m$。

2. 各角度计算应精确到 $\times\times°\times\times'\times\times''$。

8.10　蜗杆传动

8.10.1　蜗杆传动及其特点

蜗杆传动是用来传递空间交错轴之间的运动和动力的，它由蜗杆和蜗轮组成，最常用的是两轴交错角 $\Sigma = 90°$ 的减速传动。如图 8-37 所示，在分度圆柱上具有完整螺旋齿的构件 1 称为蜗杆，与蜗杆相啮合的构件 2 称为蜗轮。一般以蜗杆为原动件，蜗杆传动做减速运动；若其反行程不自锁，则可以蜗轮为原动件做增速运动。蜗杆和蜗轮有右旋与左旋之分，通常采用右旋。

蜗杆传动的主要特点如下：

1）由于蜗杆的轮齿是连续不断的螺旋齿，故传动平稳、啮合冲击小。

2）由于蜗杆的头数少，故单级传动可获得较大的传动比（可达1000），且结构紧凑。在做减速动力传动时，传动比的范围为 $5 \leqslant i_{12} \leqslant 70$。增速时，传动比的范围为 $1/5 \geqslant i_{12} \geqslant 1/15$。

3）蜗杆蜗轮啮合时，由于轮齿间的相对滑动速度较大，摩擦和磨损大，传动效率较低，易出现发热现象，因此常需用较贵的减摩耐磨材料来制造蜗轮，成本较高。

4）当蜗杆的导程角 γ_1 小于啮合轮齿间的当量摩擦角 ϕ_v 时，机构反行程具有自锁性。在此情况下，只能由蜗杆带动蜗轮（此时效率低于 50 %），而不能由蜗轮带动蜗杆。

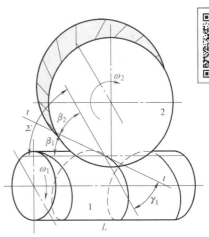

图 8-37 蜗杆传动

8.10.2 蜗杆传动的类型

蜗杆传动的类型很多，根据蜗杆形状不同，蜗杆传动可分为圆柱蜗杆传动、环面蜗杆传动和锥蜗杆传动三类，如图 8-38 所示。圆柱蜗杆传动又分为普通圆柱蜗杆传动和圆弧圆柱蜗杆传动两类，其中阿基米德蜗杆传动（图 8-39）是最基本的一类普通圆柱蜗杆传动，下面仅就这种蜗杆传动做一简略介绍。

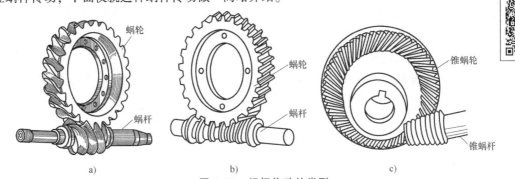

a)   b)   c)

图 8-38 蜗杆传动的类型

a）圆柱蜗杆传动   b）环面蜗杆传动   c）锥蜗杆传动

8.10.3 蜗杆蜗轮的正确啮合条件

图 8-40 所示为蜗轮与阿基米德蜗杆啮合的情况。过蜗杆的轴线作一平面垂直于蜗轮的轴线，该平面对于蜗杆是轴面，对于蜗轮是端面，这个平面称为蜗杆传动的中间平面，蜗杆齿廓及参数分析常借助于中间平面。在中间平面内，阿基米德蜗杆的齿廓相当于齿条，蜗轮的齿廓相当于齿轮，即在中间平面内，两者相当于齿条与齿轮啮合。因此，蜗杆蜗轮的正确啮合

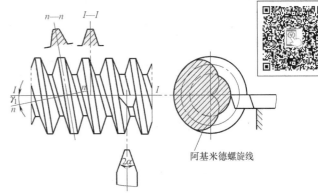

阿基米德螺旋线

图 8-39 阿基米德蜗杆

条件为蜗杆的轴面模数（m_{x1}）和压力角（α_{x1}）分别等于蜗轮的端面模数（m_{t2}）和压力角（α_{t2}），且均取为标准值 m 和 α，即

$$m_{x1} = m_{t2} = m, \quad \alpha_{x1} = \alpha_{t2} = \alpha \tag{8-44}$$

当蜗杆与蜗轮的轴线交错角 $\Sigma = 90°$ 时，还需保证蜗杆的导程角 $\gamma_1 = 90° - \beta_1$，并等于蜗轮的螺旋角 β_2，即 $\gamma_1 = \beta_2$，且两者螺旋线的旋向应相同（图8-40）。

8.10.4 蜗杆传动的主要参数及几何尺寸

（1）齿数 蜗杆的齿数是指其端面上的齿数，也称为蜗杆的头数，用 z_1 表示，一般可取 $z_1 = 1 \sim 10$，推荐取 $z_1 = 1$、2、4、6。当需要传动比大或要求反行程具有自锁性时，常取 $z_1 = 1$，即单头蜗杆；当要求具有较高的传动效率时，则 z_1 应取大值。蜗轮的齿数 z_2 可根据传动比计算得到，对于动力传动，一般推荐取 $z_2 = 27 \sim 80$。

（2）模数 蜗杆模数系列与齿轮模数系列有所不同，见表8-9。

（3）压力角 国家标准 GB/T 10087—2018 规定，阿基米德蜗杆的压力角 $\alpha = 20°$。

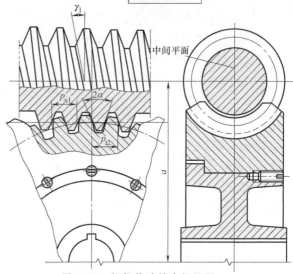

图 8-40　蜗杆传动的中间平面

在动力传动中，允许增大压力角，推荐用25°；在分度传动中，允许减小压力角，推荐用15°或12°。

表 8-9　蜗杆模数系列值（GB/T 10088—2018）　　　（单位：mm）

第一系列	… 1 1.25 1.6 2 2.5 3.15 4 5 6.3 8 10 12.5 16 20 25 31.5 40
第二系列	… 1.5 3 3.5 4.5 5.5 6 7 12 14

注：优先采用第一系列。

（4）分度圆直径 为了保证蜗杆与配对蜗轮的正确啮合传动，常用与蜗杆具有相同尺寸的蜗轮滚刀来加工与其配对的蜗轮。蜗轮滚刀的分度圆直径必须与工作蜗杆的分度圆直径相同，由于同一模数可能有很多不同直径的蜗杆，因此对每一模数就要配备很多蜗轮滚刀。为了限制蜗轮滚刀的数目，国家标准中规定将蜗杆的分度圆直径 d_1 标准化，且与其模数 m 相匹配，令 $d_1/m = q$，q 称为蜗杆的直径系数。d_1 与 m 匹配的标准系列见表8-10。

表 8-10　蜗杆分度圆直径与其模数的匹配标准系列（GB/T 10085—2018）　（单位：mm）

m	d_1	m	d_1	m	d_1	m	d_1
1	18	2.5	(22.4) 28 (35.5) 45	4	40 (50) 71	6.3	(80) 112
1.25	20 22.4	3.15	(28) 35.5 (45) 56	5	(40) 50 (63) 90	8	(63) 80 (100) 140
1.6	20 28			6.3	(50) 63	10	(71) 90 (112) 160
2	(18) 22.4 (28) 35.5	4	(31.5)				

注：1. 括号中的数字尽可能不采用。
　　2. 蜗轮的分度圆直径为 $d_2 = mz_2$。

（5）齿顶高系数和顶隙系数 蜗杆、蜗轮的齿顶高系数 $h_a^* = 1$，顶隙系数 $c^* = 0.2$。

（6）蜗杆传动几何尺寸计算 蜗杆、蜗轮的齿顶高、齿根高、全齿高、齿顶圆直径及齿根圆直径等尺寸，可参考圆柱齿轮的相应公式进行计算。蜗杆传动的标准中心距为

$$a = \frac{d_1 + d_2}{2} = \frac{m(q + z_2)}{2} \tag{8-45}$$

习题与思考题

8-1 渐开线具有哪些重要性质？渐开线齿轮传动具有哪些特点？

8-2 渐开线齿廓上各点压力角是否相等？哪一个圆上的压力角是标准值？

8-3 对于渐开线直齿圆柱齿轮、斜齿圆柱齿轮、蜗杆、直齿锥齿轮，分别取何处的模数作为标准值？

8-4 用齿条型刀具加工齿轮时，被加工齿轮的模数、压力角、齿数和变位系数如何获得？

8-5 齿轮齿条啮合传动有何特点？

8-6 节圆与分度圆、啮合角与压力角有什么区别？

8-7 何谓根切？简述产生根切现象的原因和避免根切现象的方法。

8-8 齿轮为什么要变位？何谓最小变位系数？变位系数的最大值也有限制吗？

8-9 正变位齿轮与标准齿轮相比，哪些几何参数发生了变化？哪些几何参数没有变化？

8-10 为什么斜齿轮的标准参数要规定在法面上，而其几何尺寸却要按端面计算？

8-11 什么是斜齿轮的当量齿轮？为什么要提出当量齿轮的概念？

8-12 若齿轮传动的设计中心距不等于标准中心距，可以采用哪些方法来满足中心距的要求？

8-13 何谓蜗杆传动的中间平面？蜗杆的直径系数有何重要意义？

8-14 什么是直齿锥齿轮的背锥和当量齿轮？

8-15 已知一对直齿圆柱齿轮的中心距 $a = 320$mm，两齿轮的基圆直径 $d_{b1} = 187.94$mm，$d_{b2} = 375.88$mm。试求两齿轮的节圆半径 r_1'、r_2'，啮合角 α'，两齿廓在节点的展角 θ_p 及曲率半径 ρ_1、ρ_2。

8-16 一个正常齿制渐开线直齿圆柱齿轮如图 8-41 所示，用卡尺测量 3 个齿和 2 个齿的公法线长度分别为 $W_{K1} = 61.83$mm 和 $W_{K2} = 37.5$mm，齿顶圆直径 $d_a = 208$mm，齿根圆直径 $d_f = 172$mm，齿数 $z = 24$。试确定该齿轮的模数 m、分度圆压力角 α、齿顶高系数 h_a^* 和顶隙系数 $c*$。

8-17 已知一正常齿制标准外啮合直齿圆柱齿轮传动的 $\alpha = 20°$，$m = 4$mm，$z_1 = 21$，$z_2 = 42$。试求其重合度 ε_α，并绘出单齿和双齿啮合区。如果将中心距 a 加大至刚好连续传动，试求啮合角、两齿轮的节圆半径、两分度圆之间的距离、顶隙和

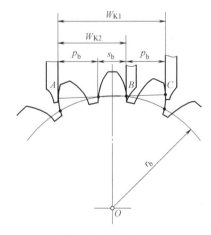

图 8-41 题 8-16 图

侧隙。

8-18 一对标准齿轮的 $m=5mm$，$\alpha=20°$，$h_a^*=1$，$c^*=0.25$，$z_1=z_2=20$，为了提高强度，将其改为正变位齿轮传动。试问：

（1）若取 $x_1=x_2=0.2$，$a'=104mm$，则这对齿轮能否正常工作？节圆齿侧有无间隙？若有侧隙，则侧隙多大？法向齿侧间隙有多大？

（2）若取 $a'=104mm$，为保证无侧隙传动，则两个齿轮的 x_1 和 x_2 应取多少？

8-19 一对标准渐开线圆柱齿轮，已知 $\alpha=20°$，$m=2mm$，$h_a^*=1$，$z_1=30$，$z_2=50$，现要求 z_1 改为 29，而中心距和齿轮 2 保持不变，试求齿轮 1 的变位系数 x_1。

8-20 用齿条插刀按展成法加工一标准渐开线圆柱齿轮，其基本参数为 $h_a^*=1$，$c^*=0.25$，$\alpha=20°$，$m=4mm$。若刀具移动速度为 $v_刀=0.001 m/s$，试求：

（1）切制 $z=12$ 的标准齿轮时，刀具分度线与轮坯中心的距离 L 应为多少？被切齿轮的转速 n 应为多少？

（2）为避免发生根切，切制 $z=12$ 的变位齿轮时，其最小变位系数 x_{min} 应为多少？此时的 L 应为多少？n 是否需要改变？

8-21 设有一对外啮合圆柱齿轮，已知模数 $m_n=2mm$，齿数 $z_1=21$，$z_2=22$，中心距 $a=45mm$，现不用变位齿轮而拟用斜齿圆柱齿轮来配凑中心距。试求这对斜齿轮的螺旋角。

8-22 在某设备中有一对渐开线直齿圆柱齿轮，已知 $z_1=26$，$i_{12}=5$，$m=3mm$，$\alpha=20°$，$h_a^*=1$，$c^*=0.25$。在技术改造中，提高了原动件的转速，为了改善齿轮传动的平稳性，要求在不降低轮齿的弯曲强度、不改变中心距和传动比的条件下，将直齿轮改为斜齿轮，并希望将分度圆圆柱螺旋角限制在 20° 以内，重合度不小于 3。试确定 z_1'、z_2'、m_n 和齿宽 b。

8-23 已知一对蜗杆传动，蜗杆头数 $z_1=2$，蜗轮齿数 $z_2=40$，蜗杆轴向齿距 $p=15.70mm$，蜗杆顶圆直径 $d_{a1}=60mm$。试求模数 m、蜗杆直径系数 q、蜗轮螺旋角 β_2、蜗轮分度圆直径 d_2 及中心距 a。

8-24 有一对标准直齿锥齿轮，已知 $m=3mm$，$z_1=24$，$z_2=32$，$\alpha=20°$，$h_a^*=1$，$c^*=0.2$，$\Sigma=90°$。试计算这对锥齿轮的几何尺寸。

8-25 已知一对渐开线直齿圆柱齿轮传动，其传动比 $i_{12}=2$，模数 $m=4mm$，压力角 $\alpha=20°$。试问：

（1）若中心距为标准中心距 $a=120mm$，则其齿数 z_1、z_2 和啮合角 α' 为多少？

（2）若中心距为 $a=125mm$（齿数按第 1 问求得的值），啮合角 α' 及节圆半径 r_1'、r_2' 为多少？应采用何种传动类型？

8-26 设有一对外啮合渐开线标准直齿圆柱齿轮传动，已知两齿轮的齿数分别为 $z_1=30$，$z_2=40$，模数 $m=20mm$，压力角 $\alpha=20°$，齿顶高系数 $h_a^*=1$，顶隙系数 $c^*=0.25$。试求：

（1）齿轮 1 的分度圆直径 d、齿顶圆直径 d_a、齿根圆直径 d_f、基圆直径 d_b、齿距 p、齿厚 s 和齿槽宽 e。

（2）当实际中心距 $a'=702.5mm$ 时，两齿轮是否为无侧隙啮合？此时啮合角 α' 为多少？两齿轮节圆直径 d_1'、d_2' 各为多少？顶隙 c 为多少？传动比 i 为多少？

（3）保持实际中心距 a' 和传动比 i 不变，若要实现无侧隙啮合，可采用什么类型的齿轮传动？

第9章

轮系及其设计

🔩 9.1 轮系的分类

在齿轮机构一章中，仅就一对齿轮的啮合传动和几何设计问题进行了研究。为了满足工程上不同机械的各种工作需要，实际上常采用若干个彼此啮合的齿轮进行传动，这种由一系列齿轮组成的齿轮传动系统称为轮系。

根据轮系运转过程中各齿轮几何轴线的位置是否固定，可将轮系分为以下几类。

1. 定轴轮系

运转时，所有齿轮几何轴线的位置都固定不变的轮系，称为定轴轮系，如图 9-1 所示。

2. 周转轮系

运转时，至少有一个齿轮的几何轴线位置并不固定，可绕其他定轴齿轮的轴线回转的轮系，称为周转轮系。例如，在图 9-2 所示的轮系中，齿轮 1、3 的轴线相重合，它们均为定轴齿轮；齿轮 2 的转轴装在构件 H 的端部，在 H 的带动下可绕定轴齿轮的轴线 OO 做周转。由于齿轮 2 既绕自己的轴线做自转，又随构件 H 绕固定轴线 OO 做公转，如同行星的运动，故称其为行星轮；支承行星轮的构件 H 称为行星架或系杆；而与行星轮相啮合的定轴齿轮 1 和 3 称为太阳轮。

在周转轮系中，通常以太阳轮和行星架作为运动的输入或输出构件，故称其为周转轮系的基本构件。基本构件的几何轴线必须重合，否则轮系将不能运转。

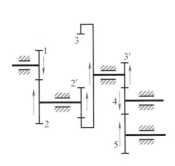

图 9-1　定轴轮系

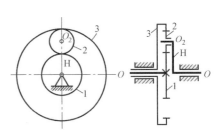

图 9-2　周转轮系

周转轮系又可根据其自由度的不同进行进一步的划分。

（1）差动轮系　在图 9-2 所示的周转轮系中，两个太阳轮都是回转的，则该轮系的自由度为 2，称其为差动轮系。为了使轮系具有确定的运动，差动轮系中需要有两个原动件。

（2）行星轮系　若在上述差动轮系中，将两个太阳轮 1、3 中的某一个固定，则轮系的自由度变为 1，称为行星轮系。为使轮系具有确定的运动，行星轮系中只需有一个原动件。

周转轮系还可根据基本构件的不同分为 2K-H 型和 3K 型两类。其中，符号 K 表示太阳轮，H 表示行星架。图 9-2 所示为 2K-H 型周转轮系；图 9-3 所示为 3K 型周转轮系，其基本构件是 3 个太阳轮，而行星架 H 只起支承行星轮的作用，不传递外力。

3. 复合轮系

除了采用单一的定轴轮系和单一的周转轮系外，在工程实际中，还常用到既包含定轴轮系又包含周转轮系，或由几部分周转轮系组成的复杂轮系，称其为复合轮系，如图 9-4 所示。

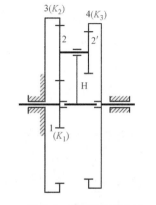

图 9-3　3K 型周转轮系

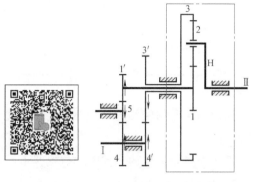

图 9-4　复合轮系

9.2　轮系传动比的计算

轮系的传动比是指轮系中输入轴与输出轴的角速度（或转速）之比。轮系传动比的计算，包括计算传动比的大小及确定两轴的转向关系两方面的内容。

9.2.1　定轴轮系传动比的计算

1. 平面定轴轮系传动比的计算

定轴轮系中所有齿轮的轴线都是相互平行的，即全部由圆柱齿轮组成的轮系，称为平面定轴轮系。

如图 9-5 所示，一对圆柱齿轮传动比的计算公式为

$$i_{12}=\frac{\omega_1}{\omega_2}=\frac{n_1}{n_2}=\pm\frac{z_2}{z_1}$$

齿轮外啮合时，传动比取"-"号，表示两齿轮转向相反（图 9-5a）；齿轮内啮合时，传动比取"+"号，表示两齿轮转向相同（图 9-5b）。

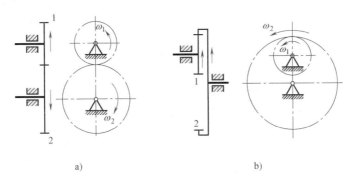

a)   b)

图 9-5 一对平面齿轮传动

图 9-1 所示为平面定轴轮系，其轮系传动比为 $i_{15} = \dfrac{\omega_1}{\omega_5} = \dfrac{n_1}{n_5}$。

若轮系中含有多对啮合齿轮，则每对啮合齿轮的传动比为

$$i_{12} = \frac{n_1}{n_2} = -\frac{z_2}{z_1}, \qquad i_{2'3} = \frac{n_{2'}}{n_3} = \frac{z_3}{z_{2'}}$$

$$i_{3'4} = \frac{n_{3'}}{n_4} = -\frac{z_4}{z_{3'}}, \qquad i_{45} = \frac{n_4}{n_5} = -\frac{z_5}{z_4}$$

因同一轴上齿轮的转速相等，故 $n_2 = n_{2'}$，$n_3 = n_{3'}$。现将各对齿轮的传动比连乘，则得轮系传动比为

$$i_{15} = \frac{n_1}{n_5} = \frac{n_1}{n_2}\frac{n_{2'}}{n_3}\frac{n_{3'}}{n_4}\frac{n_4}{n_5} = i_{12}i_{2'3}i_{3'4}i_{45}$$

$$= \left(-\frac{z_2}{z_1}\right)\left(\frac{z_3}{z_{2'}}\right)\left(-\frac{z_4}{z_{3'}}\right)\left(-\frac{z_5}{z_4}\right) = (-1)^3\frac{z_2 z_3 z_4 z_5}{z_1 z_{2'} z_{3'} z_4}$$

可见，平面定轴轮系传动比的数值等于组成该轮系的各对啮合齿轮传动比的连乘积，也等于各对啮合齿轮中所有从动齿轮齿数的乘积与所有主动齿轮齿数乘积之比；首、末两齿轮的转向关系取决于外啮合次数。

设齿轮 1 为起始主动齿轮，齿轮 K 为最末从动齿轮，则可得出平面定轴轮系传动比的一般公式为

$$i_{1K} = \frac{n_1}{n_K} = (-1)^m \frac{\text{齿轮 1 至齿轮 } K \text{ 间所有从动齿轮齿数的乘积}}{\text{齿轮 1 至齿轮 } K \text{ 间所有主动齿轮齿数的乘积}} \tag{9-1}$$

式中，m 为轮系中齿轮的外啮合次数，当 m 为奇数时，i_{1K} 为 "-" 号，说明首、末两齿轮转向相反；当 m 为偶数时，i_{1K} 为 "+" 号，说明首、末两齿轮转向相同。定轴轮系的转向关系也可用箭头在图上逐对标出（图 9-1）。

如图 9-1 所示，齿轮 4 同时和两个齿轮相啮合，既做主动齿轮，又做从动齿轮。显然，齿数 z_4 在式（9-1）的分子和分母中各出现一次，故不影响传动比的大小，但却能改变从动齿轮的转向，称这种齿轮为惰轮。在轮系中，一根中间传动轴上的两端常各有一个主动齿轮和一个从动齿轮，如图 9-1 中的齿轮 2 和 2'、3 和 3'，这种齿轮称为双联齿轮。

2. 空间定轴轮系传动比的计算

定轴轮系中若至少有一对齿轮的轴线不相互平行，则这种轮系称为空间定轴轮系。在空

间定轴轮系中常有锥齿轮传动或蜗杆传动等空间齿轮传动。因为轴线平行的两个齿轮可以用正、负号表示其转向相同或相反，而轴线不平行的两个齿轮没有转向相同或相反的说法，于是两齿轮的转向关系只能用画箭头的方法在图上表示，如图9-6所示。

对于蜗杆传动，从动件蜗轮的转向主要取决于蜗杆的转向和旋向。用左、右手法则来确定，右旋用右手判断、左旋用左手判断。例如，图9-6b所示为右旋蜗杆传动，用右手法则判断，即右手握住蜗杆，四指沿蜗杆转动方向弯曲，则拇指所指方向的相反方向即是蜗轮与蜗杆啮合点的线速度方向，因此图中蜗轮是沿逆时针方向转动的。

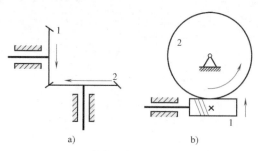

图9-6 一对空间齿轮传动的转向关系

空间定轴轮系的传动比大小仍可用式（9-1）计算，但传动比的符号不能用$(-1)^m$来判断，而只能用画箭头的方法通过确定每个齿轮的转向，来确定轮系中首、末齿轮的转向。通常又分为两种情况，一种是首、末齿轮的轴线相互平行，即轮系的输入轴与输出轴相互平行，如图9-7a所示，这种情况下传动比的计算公式不用写为$(-1)^m$，而是写"+""–"号，表示输入轴与输出轴的转向是否相同。另一种是首、末齿轮的轴线不相互平行，即轮系的输入轴与输出轴不相互平行，如图9-7b所示，这种情况下传动比的计算公式也不能写为$(-1)^m$，而是要用在机构运动简图上画箭头的方式表示输入轴、输出轴的转向关系。

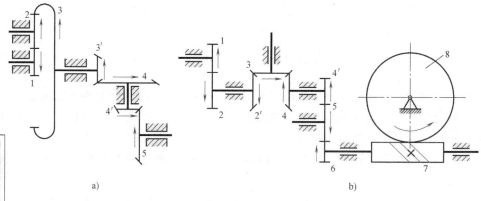

图9-7 空间定轴轮系

a）输入轴与输出轴相互平行 b）输入轴与输出轴不相互平行

例9-1 如图9-7b所示的空间定轴轮系，已知各齿轮齿数$z_1=15$，$z_2=25$，$z_{2'}=z_4=14$，$z_3=24$，$z_{4'}=20$，$z_5=24$，$z_6=40$，$z_7=2$（右旋），$z_8=60$。若$n_1=800r/min$，求轮系传动比及蜗轮8的转速和转向。

解 按式（9-1）计算传动比的大小

$$i_{18}=\frac{n_1}{n_8}=\frac{z_2z_3z_4z_5z_6z_8}{z_1z_{2'}z_3z_{4'}z_5z_7}=\frac{z_2z_4z_6z_8}{z_1z_{2'}z_{4'}z_7}=\frac{25\times14\times40\times60}{15\times14\times20\times2}=100$$

$$n_8 = \frac{n_1}{i_{18}} = \frac{800}{100} \text{r/min} = 8\text{r/min}$$

因是空间轮系，则轮系传动比只代表其大小，齿轮1和蜗轮8的转向关系只能在图上画箭头表示。蜗轮8的转向为逆时针方向。

9.2.2 周转轮系传动比的计算

由于周转轮系中行星轮的运动不是绕定轴的简单转动，因此，不能直接用求解定轴轮系传动比的方法来计算其传动比。

1. 周转轮系传动比计算的基本思路

周转轮系和定轴轮系的根本区别在于轮系中有一个转动着的行星架，使得行星轮既做自转又做公转，假设能让行星架固定不动，则周转轮系就可转化成定轴轮系。为此，可采用反转法。如图9-8a所示的周转轮系，假想给整个周转轮系加上一个绕轴线 OO 转动的公共转速 $-n_H$（图9-8b），根据相对运动的原理可知，各构件间的相对运动关系并不发生改变，而行星架在假想的轮系中变得相对静止不动。于是，周转轮系便转化为假想的定轴轮系（图9-8c），该假想的定轴轮系称为原周转轮系的转化机构。

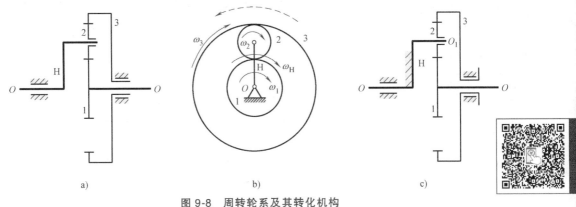

图 9-8 周转轮系及其转化机构

以图9-8所示的周转轮系为例，当给整个轮系加上一个公共转速 $-n_H$ 后，各构件的转速变化情况见表9-1。

表 9-1 周转轮系及其转化机构中各构件的转速

构件	周转轮系中各构件的转速	转化机构中各构件的转速
1	n_1	$n_1^H = n_1 - n_H$
2	n_2	$n_2^H = n_2 - n_H$
3	n_3	$n_3^H = n_3 - n_H$
H	n_H	$n_H^H = n_H - n_H = 0$

注：n_1^H、n_2^H、n_3^H、n_H^H 表示转化机构中，各构件相对行星架H的转速。

既然周转轮系的转化机构是一个定轴轮系，那么，转化机构的传动比可直接套用定轴轮系传动比公式进行计算。

2. 周转轮系传动比的计算方法

首先求转化机构的传动比。在图 9-8b 所示的转化机构中，根据传动比定义，齿轮 1 和齿轮 3 的传动比 i_{13}^H 为

$$i_{13}^H = \frac{n_1^H}{n_3^H} = \frac{n_1 - n_H}{n_3 - n_H}$$

由于转化机构是定轴轮系，则传动比的大小为

$$i_{13}^H = -\frac{z_2 z_3}{z_1 z_2}$$

综合以上两式可得

$$i_{13}^H = \frac{n_1^H}{n_3^H} = \frac{n_1 - n_H}{n_3 - n_H} = -\frac{z_2 z_3}{z_1 z_2} = -\frac{z_3}{z_1}$$

式中，"−" 号表示齿轮 1 和齿轮 3 在转化机构中的转向相反。

由上述分析可知，周转轮系转化机构传动比的一般计算公式为

$$i_{AK}^H = \frac{n_A^H}{n_K^H} = \frac{n_A - n_H}{n_K - n_H} = \pm \frac{A \sim K \text{ 各对啮合齿轮中从动齿轮齿数的乘积}}{A \sim K \text{ 各对啮合齿轮中主动齿轮齿数的乘积}} \tag{9-2}$$

式中，i_{AK}^H 为转化机构中由主动齿轮 A 至从动齿轮 K 的传动比。

转化机构中齿轮 A 和 K 的转向，可用画箭头的方法确定：转向相同时，i_{AK}^H 为 "+"，称为正号机构；转向相反时，i_{AK}^H 为 "−"，称为负号机构。

在利用式 (9-2) 计算周转轮系传动比时，需要注意以下几点：

1）式中的齿轮 A、K 及行星架 H 的轴线应平行。

2）式中的 "±" 号表明转化机构中齿轮 A、K 间的转向关系，应用该公式时应首先用画箭头的方法确定 i_{AK}^H 的正、负号。

3）转速 n_A、n_K 和 n_H 均为代数值，代入公式中时应同时代入正、负号。计算时假定某一转向为正，则转向相反者需加负号代入。

例 9-2　在图 9-9 所示的行星轮系中，$z_1 = 27$，$z_2 = 17$，$z_3 = 61$，$n_1 = 6000 \text{r/min}$。试求传动比 i_{1H}、行星架的转速 n_H 及行星轮 2 的转速 n_2。

解　该行星轮系中的太阳轮 3 固定，即 $n_3 = 0$，由式 (9-2) 得

$$i_{13}^H = \frac{n_1 - n_H}{n_3 - n_H} = -\frac{z_3}{z_1}$$

设齿轮 1 转向为正，代入已知数据得

$$\frac{6000 - n_H}{0 - n_H} = -\frac{61}{27}$$

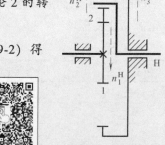

图 9-9　行星轮系

解得 $n_H = 1840.9 \text{r/min}$。

正号说明行星架 H 的转向与齿轮 1 相同。

则行星轮系的传动比为

$$i_{1H} = \frac{n_1}{n_H} = \frac{6000}{1840} = 3.26$$

由于行星轮 2 的轴线与太阳轮 1 的轴线平行，可利用式（9-2）计算行星轮 2 的转速 n_2

$$i_{12}^H = \frac{n_1 - n_H}{n_2 - n_H} = -\frac{z_2}{z_1}$$

$$\frac{6000 - 1840.9}{n_2 - 1840.9} = -\frac{17}{27}$$

解得 $n_2 = -4764.7 r/min$。负号表示齿轮 2 的转向与齿轮 1 相反，同时也说明齿轮的实际转向只能通过计算得到。

例 9-3 如图 9-10 所示的差动轮系，已知 $z_1 = 20$，$z_2 = 24$，$z_{2'} = 30$，$z_3 = 40$；$n_1 = 200 r/min$，$n_3 = 100 r/min$，且齿轮 1、3 转向相反。求 n_H 的大小和转向。

解 固定 H，用虚线箭头表示转化机构中各轮转向，如图 9-10 所示。由式（9-2）得

$$i_{13}^H = \frac{n_1^H}{n_3^H} = \frac{n_1 - n_H}{n_3 - n_H} = \frac{z_2 z_3}{z_1 z_{2'}}$$

式中的"+"号表示齿轮 1 和齿轮 3 在转化机构中的转向相同，即图示虚线箭头方向；而实线箭头表示的是齿轮 1 和齿轮 3 的实际转速方向。设 n_1 方向为正，则 $n_1 = 200 r/min$，$n_3 = -100 r/min$，分别代入上式得

$$\frac{200 - n_H}{-100 - n_H} = \frac{24 \times 40}{20 \times 30}$$

解得 $n_H = -600 r/min$。负号表示 n_H 的转向与 n_1 相反。

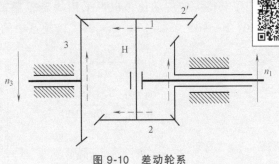

图 9-10 差动轮系

9.2.3 复合轮系传动比的计算

复合轮系是由定轴轮系和周转轮系，或由几个周转轮系等基本轮系组合而成的。计算复合轮系传动比时，显然不能简单地采用定轴轮系或周转轮系传动比的计算方法，必须首先正确划分各个基本轮系，然后分别列出各自的传动比计算公式，最后联立求解。

正确划分各个轮系的关键是找出基本轮系中的周转轮系。而找周转轮系的一般方法是先找到行星轮，然后找出行星架（注意其形状不一定是简单的杆状），以及与行星轮相啮合的

太阳轮。这样，行星轮、行星架、太阳轮及机架就构成了一个周转轮系。当划分出各个周转轮系以后，剩下的部分就是定轴轮系。

例 9-4 在图 9-11 所示的复合轮系中，已知：$z_A = 25$，$z_B = 30$，$z_C = 60$，$z_D = 50$，$z_E = 52$，$z_F = 58$，$n_A = 50 \text{r/min}$，$n_H = 100 \text{r/min}$，n_A 与 n_H 转向相同。求齿轮 F 的转速 n_F。

解 正确划分轮系：该复合轮系中齿轮 C、D、E、F 及行星架 H 组成周转轮系，齿轮 A、B 组成定轴轮系。

对于周转轮系 $\quad i_{CF}^H = \dfrac{n_C - n_H}{n_F - n_H} = \dfrac{z_D z_F}{z_C z_E} = \dfrac{50 \times 58}{60 \times 52}$ (1)

对于定轴轮系 $\quad i_{AB} = \dfrac{n_A}{n_B} = -\dfrac{z_B}{z_A} = -\dfrac{30}{25} = -\dfrac{6}{5}$ (2)

设 n_A 转向为正，由式（2）得 $n_B = (-250/6) \text{r/min}$，又 $n_B = n_C$，将 n_B、n_H 代入式（1）。

解得 $n_F = -52.4 \text{r/min}$，负号表示 n_F 转向与 n_A 相反。

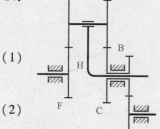

图 9-11 复合轮系

9.3 轮系的功用

在各种机械设备中轮系的应用十分广泛，它的主要功用大致可以归纳为以下几个方面。

1. 实现大传动比传动

当两轴间需要较大的传动比时，可采用定轴轮系来实现，但多级齿轮传动会导致结构复杂。为了获得大的传动比，也可采用周转轮系或复合轮系。在图 9-12 所示的周转轮系中，$z_1 = 100$，$z_2 = 101$，$z_{2'} = 100$，$z_3 = 99$。该轮系中的太阳轮 3 固定，即 $n_3 = 0$，由式（9-2）得

$$i_{13}^H = \frac{n_1 - n_H}{n_3 - n_H} = \frac{z_2 z_3}{z_1 z_{2'}}$$

$$\frac{n_1 - n_H}{0 - n_H} = \frac{101 \times 99}{100 \times 100}$$

解得

$$i_{1H} = \frac{n_1}{n_H} = \frac{1}{10000}$$

或

$$i_{H1} = \frac{n_H}{n_1} = \frac{1}{i_{1H}} = 10000$$

图 9-12 大传动比行星轮系

以上计算结果说明，利用周转轮系中的行星轮系可用少数几个齿轮获得很大的传动比，结构尺寸比定轴轮系紧凑。但传动比越大，机械效率越低，故不适合用于传递大功率，只适合用作辅助的减速机构。

2. 实现变速与换向传动

在输入轴转速、转向不变的情况下，利用轮系可使从动轴获得多种不同的转速或转向的变换。如图 9-13 所示的汽车变速器传动机构，当输入轴 I 转速、转向一定时，可通过不同的齿轮相啮合，使变速器输出轴 IV 获得 4 种不同转速或转向的变换。

一档：齿轮 3、4 相啮合而 5、6 和离合器 A、B 均脱离。

二档：齿轮 5、6 相啮合而 3、4 和离合器 A、B 均脱离。

三档：离合器 A、B 相嵌合而齿轮 3、4 和 5、6 均脱离。

倒退档：齿轮 5、8 相啮合，齿轮 3、4 和 5、6 以及离合器 A、B 均脱离。此时，由于惰轮 8 的作用，输出轴Ⅳ反转。

3. 实现多路传动

实际机械中，有时需要使一根主动轴同时带动几根从动轴一起运动，这时必须采用轮系。图 9-14 所示为滚齿机工作台中的传动机构，通过定轴轮系把主动轴的运动分成两路传出，从而分别带动滚刀和轮坯转动，使刀具和轮坯之间具有确定的对滚关系。

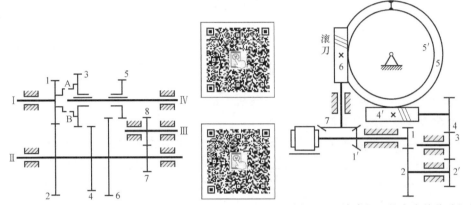

图 9-13　汽车变速器传动机构　　　　图 9-14　滚齿机工作台中的传动机构

4. 实现运动的合成或分解

利用差动轮系可以把两个独立的输入运动合成为一个输出运动，或者将一个输入运动按确定的关系分解为两个输出运动。

（1）运动的合成　如图 9-15 所示的加法机构，其运动的合成常采用由锥齿轮组成的差动轮系来实现。

一般取 $z_1 = z_3$，则

$$i_{13}^H = \frac{n_1 - n_H}{n_3 - n_H} = -\frac{z_3}{z_1}$$

得

$$2n_H = n_1 + n_3$$

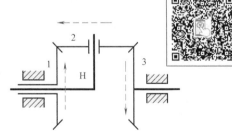

上式说明，输出构件行星架的运动是齿轮 1 和 3 两个输入构件运动的合成。这种合成作用在机床、计算机构和补偿调整装置中得到了广泛应用。

图 9-15　加法机构

（2）运动的分解　图 9-16 所示为汽车后桥差速器，其中齿轮 1、2、3 和 4（行星架 H）组成差动轮系，汽车发动机的运动经变速器及传动轴传给齿轮 5，再带动齿轮 4 及固接在齿轮 4 上的行星架转动。在该差动轮系中，$z_1 = z_3$，$n_4 = n_H$，由式（9-2）得

$$i_{13}^H = \frac{n_1 - n_4}{n_3 - n_4} = -\frac{z_3}{z_1}$$

所以有

$$2n_4 = n_1 + n_3 \tag{9-3}$$

当汽车直线行驶时，左、右两个车轮滚过的距离相等，其转速也相同，这时差动轮系各轮之间没有相对运动，如同一个固连的整体一起转动。当汽车转弯时，左、右两个车轮的转弯半径不相等，为保证车轮与地面不发生滑动以减少轮胎磨损，转弯半径大的外侧车轮的转速需加快，此时，齿轮1、2、3和4之间产生差动效果。设两后轮的中心距为$2l$，弯道平均半径为r，则两后轮的转弯条件为

$$\frac{n_1}{n_3} = \frac{r-l}{r+l} \tag{9-4}$$

联立解式（9-3）和式（9-4），得两后轮的转速分别为

$$n_1 = \frac{r-l}{r}n_4$$

$$n_3 = \frac{r+l}{r}n_4$$

差动轮系可分解运动的特性，在汽车、飞机等动力机械中得到了广泛应用。

5. 实现结构紧凑的大功率传动

在图9-17所示的周转轮系中，三个行星轮均匀地分布在太阳轮四周，传动时共同承受载荷，同时，行星轮公转产生的离心惯性力和各齿廓啮合处的径向分力也得以平衡，可大大改善受力情况，使整个轮系的承载能力得到了很大的提高。此外，由于采用内啮合，又有效地利用了空间，减小了尺寸。这种轮系特别适用于飞行器。

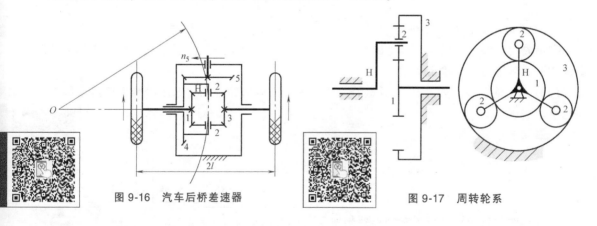

图9-16 汽车后桥差速器　　　　　　图9-17 周转轮系

📌 9.4 行星轮系设计简介

9.4.1 行星轮系类型的选择

行星轮系的类型很多，选择时应首先考虑能否满足传动比的要求。下面给出了几种常用的2K-H型行星轮系的类型（图9-18）及其传动比适用范围，以供选择轮系类型时参考。

图9-18a、b、c、d所示为四种不同形式的负号机构，它们的传动比适应范围分别为：图9-18a中$i_{1H}=2.8\sim13$，图9-18b中$i_{1H}=1.14\sim1.56$，图9-18c中$i_{1H}=2$，图9-18d中$i_{1H}=$

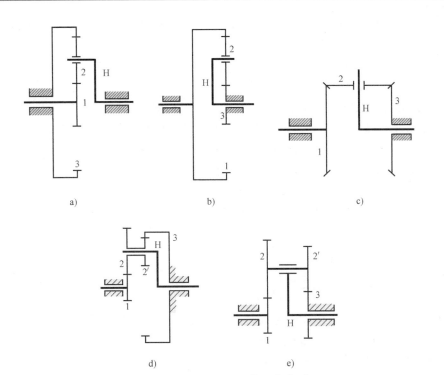

图 9-18   2K-H 型行星轮系的类型

$8 \sim 16$。图 9-18e 所示为正号机构，其传动比 i_{H1} 理论上可取近于无穷大。

9.4.2   行星轮系中各齿轮齿数的确定

为了改善齿轮的受力情况，提高整个轮系的承载能力，一般采用多个行星轮的对称结构。因此，设计行星轮系时，其各轮齿数和行星轮数目的选择需要满足下述四个条件。现以图 9-18a 所示的行星轮系为例，说明如下。

1. 传动比条件

传动比条件是轮系在传递运动时必须实现工作所要求的传动比。

因为
$$i_{1H} = 1 + \frac{z_3}{z_1}$$

由此可得
$$z_3 = (i_{1H} - 1)z_1 \tag{9-5}$$

2. 同心条件

同心条件是为了保证装在行星架上的行星轮在传动过程中始终与太阳轮正确啮合，行星架的回转轴线应与太阳轮的几何轴线重合。当采用标准齿轮时，同心条件为
$$r_1 + r_2 = r_3 - r_2$$

因各齿轮模数相等，故上式可写成
$$z_1 + z_2 = z_3 - z_2$$

即
$$z_2 = \frac{z_3 - z_1}{2} \tag{9-6}$$

式（9-6）表明，要满足同心条件，两太阳轮的齿数应同时为偶数或同时为奇数。

3. 装配条件

装配条件就是为了将多个行星轮均布地装入两太阳轮之间，行星轮的数目和各齿轮的齿数之间应满足一定的关系。

如图 9-19 所示，设行星轮个数为 k，其均布行星轮间的夹角为 $\varphi = 360$ (°)$/k$。当第一个行星轮在两太阳轮之间的 O_2 处装好后，太阳轮 1 和 3 的相对位置便确定了。为了在相隔 φ 处能顺利地装入第二个行星轮，设想太阳轮 3 固定，而转动太阳轮 1，使第一个行星轮的位置由 O_2 转到 O_2' 时，太阳轮 1 上的点 A 转到 A' 位置，转过的角度为 θ。由于

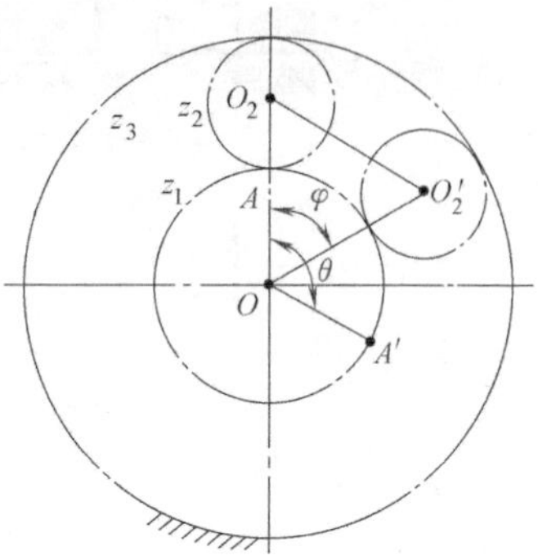

$$i_{1H} = \frac{\omega_1}{\omega_H} = \frac{\theta}{\varphi} = 1 - i_{13}^H$$

图 9-19 行星轮系装配条件

所以

$$\theta = \varphi\left(1 - i_{13}^H\right) = \frac{360°}{k}\left(1 + \frac{z_3}{z_1}\right) \qquad (9-7)$$

此时，若在空出的位置 O_2 处，齿轮 1 和 3 的轮齿相对位置关系与装入第一个行星轮时完全相同，则在该位置处一定能顺利地装入第二个行星轮。为此，就要求太阳轮 1 恰好转过整数个轮齿 N，即

$$\theta = N\frac{360°}{z_1} \qquad (9-8)$$

联立并求解式（9-7）和式（9-8），即得

$$N = \frac{z_1 + z_3}{k} \qquad (9-9)$$

式（9-9）表明，要将 k 个行星轮均布在太阳轮的四周，两个太阳轮的齿数之和应能被行星轮的个数 k 整除。

4. 邻接条件

邻接条件就是当多个行星轮均布在两个太阳轮之间时，要求相邻两行星轮的齿顶不得相碰。由图 9-19 可见，相邻两行星轮的中心距 O_2O_2' 应大于行星轮的齿顶圆直径 d_{a2}。若采用标准齿轮，则有

$$2(r_1 + r_2)\sin\frac{180°}{k} > 2(r_2 + h_a^* m)$$

或

$$(z_1 + z_2)\sin\frac{180°}{k} > z_2 + 2h_a^* \qquad (9-10)$$

📌 9.5 其他类型行星传动简介

9.5.1 渐开线少齿差行星传动

渐开线少齿差行星传动的基本工作原理如图 9-20 所示，行星轮系中的太阳轮 1 为固定

的内齿轮、齿轮 2 为行星轮，运动由行星架 H 输入，轴 V 输出。轴 V 与行星轮 2 通过等角速比机构 3 相连接，通过等角速比机构 3，将行星轮 2 的转动同步传给输出轴 V。其传动比可按式（9-2）求出

$$i_{21}^H = \frac{n_2-n_H}{n_1-n_H} = \frac{n_2-n_H}{0-n_H} = \frac{z_1}{z_2}$$

故

$$i_{HV} = i_{H2} = \frac{n_H}{n_2} = -\frac{z_2}{z_1-z_2} \qquad (9\text{-}11)$$

图 9-20　渐开线少齿差行星传动

式（9-11）表明，太阳轮 1 与行星轮 2 齿数差越小，传动比 i_{HV} 越大。通常齿数差为 1~4，所以称为少齿差行星传动。当齿数差 $z_1-z_2=1$ 时，称为一齿差行星传动，其传动比 $i_{H2}=-z_2$，"−"表示其输出与输入转向相反。

为将行星轮的绝对转速转化为输出轴 V 绕固定轴的转速，连接行星轮和输出轴的等角速比机构通常采用图 9-21 所示的销孔式输出机构。

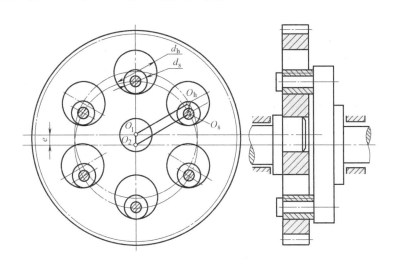

图 9-21　销孔式输出机构

在行星轮 2 的辐板上沿半径为 O_1O_h 的圆周均布若干个销孔（图中为 6 个），在输出轴的销盘上沿半径为 O_2O_s 的圆周均布数量相同的销轴，将销轴对应地插入销孔中，使得行星轮和输出轴连接起来。

设计时取孔径为 d_h，销套的直径为 d_s，并取行星架的偏距 $e=d_h/2-d_s/2$，则 $O_1O_2O_sO_h$ 构成一平行四边形。由于在运动过程中，位于行星轮上的 O_1O_h 和位于输出轴盘上的 O_2O_s 始终保持平行，因此输出轴 V 的转速始终与行星轮 2 的绝对转速相同。

渐开线少齿差行星传动具有传动比大、结构简单紧凑、加工装配及维修方便、传动效率高等优点，被广泛应用于冶金机械、食品工业、石油化工及仪表制造等行业。

9.5.2　摆线针轮行星传动

图 9-22 所示为摆线针轮行星传动机构，其中固定的太阳轮 1 是针轮，2 为摆线行星轮，

H 为行星架，3 为输出机构。运动由行星架 H 输入，通过输出机构 3 由轴 V 输出。摆线针轮行星传动与渐开线少齿差行星传动的区别在于：在摆线针轮传动中，行星轮的齿廓曲线不是渐开线，而是短辐外摆线，太阳轮 1 的内齿采用了针齿，又称为针轮。摆线针轮传动的齿数差总是等于 1，则其传动比为

$$i_{HV} = i_{H2} = \frac{n_H}{n_2} = -\frac{z_2}{z_1 - z_2} = -z_2$$

(9-12)

摆线针轮行星传动除具有传动比大、结构紧凑、重量轻及效率高的优点外，还因同时啮合的齿数多，以及齿廓之间为滚动摩擦，而具有传动平稳、承载能力强、轮齿磨损小、使用寿命长等优点。其缺点是加工工艺较复杂、精度要求较高，必须用专用机床和刀具来加工。

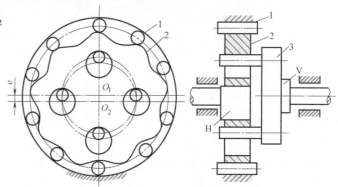

图 9-22　摆线针轮行星传动机构

9.5.3　谐波齿轮传动

谐波齿轮传动是利用机械波使一柔性齿圈产生弹性变形来实现传动的。如图 9-23 所示的双谐波传动主要由具有内齿的刚轮 1、具有外齿的柔轮 2 和波发生器 H 组成。通常波发生器为主动件，刚轮和柔轮一个为从动件，另一个为固定件。

由于波发生器的总长度略大于柔轮的内孔直径，因此将它装入柔轮内孔后将迫使柔轮产生弹性变形而呈椭圆形，椭圆长轴处两端轮齿与刚轮相啮合，而椭圆短轴两端轮齿与之脱开，其余部位的轮齿处于过渡状态。随着主动件波发生器的回转，柔轮的长、短轴位置将不断变化，使轮齿的啮合和脱开位置不断改变，从而实现运动的传递。

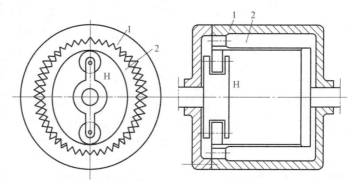

图 9-23　双波谐波齿轮传动

1—刚轮　2—柔轮　H—波发生器

一般刚轮 1 固定不动，则传动比为

$$i_{21}^{H} = \frac{n_2 - n_H}{n_1 - n_H} = 1 - \frac{n_2}{n_H} = \frac{z_1}{z_2}$$

故

$$i_{H2} = \frac{n_H}{n_2} = -\frac{z_2}{z_1 - z_2}$$

(9-13)

式（9-13）与渐开线少齿差行星传动的传动比计算式完全相同。"-"号说明主、从动件转向相反。

按照波发生器上安装的滚轮数不同，常用的有双波（图9-23）和三波两种。为了有利于柔轮的力平衡和防止轮齿干涉，刚轮和柔轮的齿数差应等于波数的整数倍。

为了加工方便，谐波齿轮的齿形多采用渐开线齿廓。

谐波齿轮传动除传动比大、体积小、重量轻和效率高外，其运动可由柔轮直接输出，不需要等角速比机构，结构更为简单；同时啮合的齿数多、承载能力强，且平稳无冲击；因齿侧间隙小，还适用于双向传动。但由于柔轮周期性地发生变形，因此对柔轮的材料、加工和热处理要求较高。目前，谐波齿轮传动已应用于船舶、机床、机器人、仪表和军事装备等各个方面。

 ## 习题与思考题

9-1 轮系有哪些主要功用？它是如何分类的？

9-2 惰轮有什么特点？什么场合采用惰轮？

9-3 在平面定轴轮系、空间定轴轮系中，轮系输入轴、输出轴的转向分别如何确定？

9-4 什么是周转轮系的转化轮系？当 i_{AK}^{H} 为正值时，齿轮 n_A 与 n_K 的转向相同吗？

9-5 在复合轮系中，如何划分出定轴轮系和周转轮系等基本轮系？

9-6 设计行星轮系时，轮系中各齿轮的齿数应满足哪些条件？

9-7 在图9-24所示轮系中，已知各轮齿数为 $z_1 = z_7 = 20$，$z_2 = z_3 = z_8 = 30$，$z_4 = 16$，$z_6 = 60$，$z_5 = 2$，齿轮1的转速 $n_1 = 1440$r/min，转向如图所示。试求 n_8 的大小和方向。

9-8 在图9-25所示轮系中，已知各轮齿数为 $z_1 = 15$，$z_2 = 25$，$z_{2'} = 15$，$z_3 = 30$，$z_{3'} = 15$，$z_4 = 30$，$z_{4'} = 2$，$z_5 = 60$，$z_{5'} = 20$（模数 $m = 4$mm）。若 $n_1 = 500$r/min，试求齿条6线速度的大小和方向。

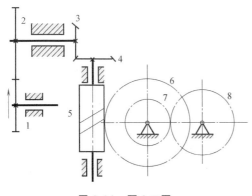

图9-24 题9-7图

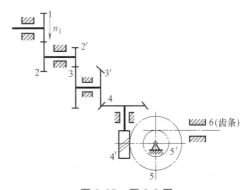

图9-25 题9-8图

9-9 在图9-26所示轮系中，已知 $z_1 = 15$，$z_2 = 25$，$z_{2'} = 20$，$z_3 = 60$，$n_1 = 200$r/min，$n_3 = 50$r/min。分别求出当 n_1 和 n_3 转向相同和相反时，n_H 的大小和方向。

9-10 在图9-27所示轮系中，已知各齿轮齿数为 $z_1 = 20$，$z_2 = 30$，$z_{2'} = 50$，$z_3 = 80$，$n_1 =$

50r/min。试求 n_H 的大小和方向。

9-11 在图 9-28 所示轮系中，已知 $z_1 = 24$，$z_2 = 26$，$z_{2'} = 20$，$z_3 = 30$，$z_{3'} = 26$，$z_4 = 28$。若 $n_A = 1000$r/min，试求 n_B 的大小和方向。

9-12 在图 9-29 所示轮系中，已知 $z_1 = 24$，$z_1' = 30$，$z_2 = 96$，$z_3 = 90$，$z_3' = 102$，$z_4 = 80$，$z_4' = 40$，$z_5 = 15$，齿轮 1 转向如图所示。试求传动比 i_{15} 及齿轮 5 的方向。

9-13 在图 9-30 所示轮系中，已知 $z_1 = z_3' = 80$，$z_3 = z_5 = 20$，$n_1 = 70$r/min，方向如图所示。试求齿轮 5 的转速大小及方向。

9-14 在图 9-31 所示轮系中，已知 $z_1 = 20$，$z_2 = 32$，模数 $m = 6$mm。试求齿轮 3 的齿数和行星架 H 的长度。

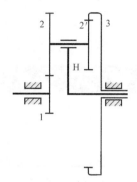

图 9-26 题 9-9 图

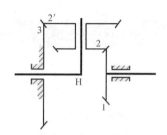

图 9-27 题 9-10 图

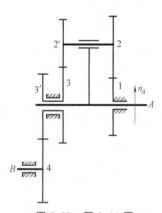

图 9-28 题 9-11 图

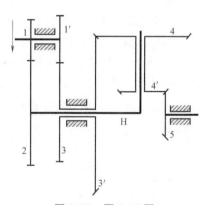

图 9-29 题 9-12 图

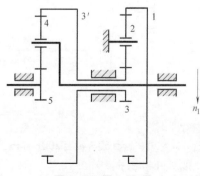

图 9-30 题 9-13 图

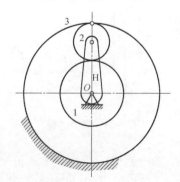

图 9-31 题 9-14 图

第 10 章

其他常用机构

在机械中，有时需要某些构件做周期性间歇运动，如机床、自动机械中的转位分度运动，成品输送及自动化生产线中的周期性停歇和运动。能实现间歇运动的机构称为间歇运动机构。常用的间歇运动机构有很多，如棘轮机构、槽轮机构、不完全齿轮机构等。此外，机械中还常用到一些其他类型的机构，如螺旋机构、组合机构及含有某些特殊元件的广义机构等。本章将对这些机构的工作原理、运动特点、应用情况及设计要点分别予以简要介绍。

10.1 棘轮机构

10.1.1 棘轮机构的组成及工作特点

1. 机构组成

棘轮机构是由摇杆 1、棘爪 2、棘轮 3、止动爪 4、弹簧 5 等组成的，其典型结构如图 10-1 所示。弹簧 5 用来使止动爪 4 和棘轮 3 保持接触。同样，可在摇杆 1 与棘爪 2 之间设置弹簧。棘轮 3 固装在传动轴上，而摇杆 1 则空套在传动轴上。当摇杆 1 沿逆时针方向摆动时，棘爪 2 推动棘轮 3 转过某一角度。当摇杆 1 沿顺时针方向转动时，止动爪 4 阻止棘轮 3 沿顺时针转动，棘爪 2 在棘轮 3 的齿背上滑过，棘轮静止不动。故当摇杆连续往复摆动时，棘轮便得到单向的间歇运动。

2. 工作特点

棘轮机构的优点是结构简单、制造方便、运动可靠；而且棘轮轴每次转过的角度大小可以在较大的范围内调整。其缺点是工作时有较大的冲击和噪声，而且运动精度较差。因此，棘轮机构常用于速度较低和载荷不大的场合。

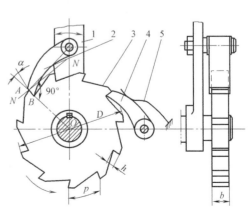

10.1.2 棘轮机构的类型

常用的棘轮机构可分为齿啮式和摩擦

图 10-1 外接式棘轮机构

1—摇杆 2—棘爪 3—棘轮 4—止动爪 5—弹簧

式两大类。

1. 齿啮式棘轮机构

齿啮式棘轮机构是靠棘爪和棘轮齿的啮合来传动，转角只能有级调节。根据棘轮机构的运动情况，又可分为以下几种类型：

（1）单动式棘轮机构 棘轮上的齿大多做在其外缘上，构成外接式棘轮机构（图 10-1）；另有内接式棘轮机构，即棘轮齿做在内缘上，构成内接式棘轮机构，如图 10-2 所示。

（2）双动式棘轮机构 双动式棘轮机构是摇杆来回摆动时，都能使棘轮向同一方向转动的机构，分为钩头式（图 10-3）和直推式（图 10-4）两种。

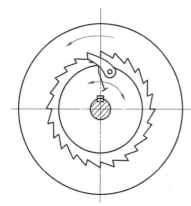

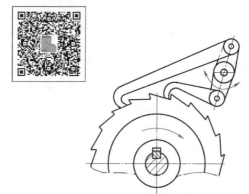

图 10-2　内接式棘轮机构　　　　　　　　图 10-3　双动钩头式棘轮机构

（3）可变向棘轮机构 可变向棘轮机构是指工作时棘轮可做不同转向的间歇运动，分为翻转式和提转式两种。可变向翻转式棘轮机构（图 10-5），把棘轮的齿制成矩形，而棘爪制成可翻转的形式。这样，当棘爪处于图示 1 位置时，棘轮可获得逆时针单向间歇运动；而当把棘爪绕其轴销翻转到双点画线所示的 1′位置时，棘轮即可获得顺时针单向间歇运动。可变向提转式棘轮机构如图 10-6 所示。

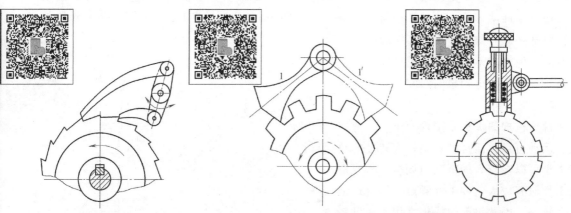

图 10-4　双动直推式棘轮机构　　　　图 10-5　可变向翻转式棘轮机构　　　图 10-6　可变向提转式棘轮机构

2. 摩擦式棘轮机构

摩擦式棘轮机构分为偏心楔块式棘轮机构和滚子楔紧式棘轮机构。

（1）偏心楔块式棘轮机构 如图 10-7 所示，其工作原理与齿啮式棘轮机构相似，它通过凸块2与从动轮3间的摩擦力推动从动轮间歇转动。摩擦式棘轮机构克服了齿啮式棘轮机构冲击噪声大、棘轮每次转过角度的大小不能无级调节的缺点，但其运动准确性较差。

（2）滚子楔紧式棘轮机构 如图10-8所示，套筒1沿逆时针方向转动或棘轮3沿顺时针方向转动时，在摩擦力的作用下，滚子2楔紧在构件1、3之间的收敛狭缝处，使得构件1、3成为一体而一起转动；当套筒1沿顺时针方向转动或棘轮3沿逆时针方向转动时，滚子2离开狭缝，构件1和3也不再楔紧在一起，于是构件3静止不动。

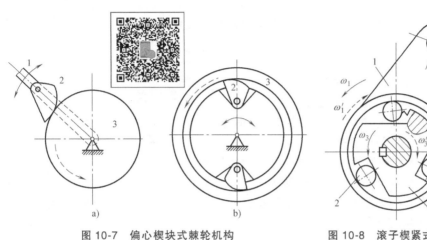

图 10-7　偏心楔块式棘轮机构　　　　　图 10-8　滚子楔紧式棘轮机构

1—杆　2—凸块　3—从动轮　　　　　　1—套筒　2—滚子　3—棘轮

10.1.3　棘轮机构的应用

棘轮机构常用于各种设备中，以实现进给、制动、超越和分度的功能。

1. 机床进给机构

图10-9所示为牛头刨床的工作台横向送进机构。

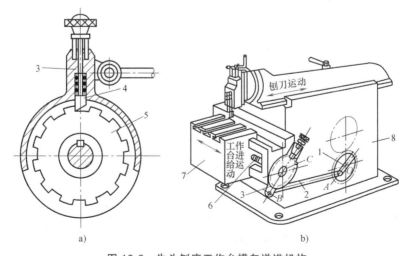

图 10-9　牛头刨床工作台横向送进机构

1、2、3—杆　4—棘爪　5—棘轮　6—螺杆　7—工作台　8—机架构件 1（*OA*）、2（*AB*）、3（*BC*）和机架 8 构成一套曲柄摇杆机构。杆 1 转动一周，杆 3 往复摆动一次。杆 3 沿逆时针方向摆动时，安装在杆 3 上的棘爪 4 推动棘轮 5 转过一定的角度；杆 3 沿顺时针方向摆动时，棘爪 4 在棘轮上滑回，棘轮不转动。这套棘轮机构又带动一套螺旋机构。棘轮 5 与螺杆 6 连为一体，当棘轮转动时，带动螺杆转动，螺杆在其轴线方向上被限制而不能移动。在工作台 7 中固定着一个螺母（图中未画出），螺母套在螺杆上。当螺杆转动时，螺母就会连同工作台 7 沿着螺杆的轴线方向移动一个很小的距离。杆 1 和主传动系统中的圆盘是一体的。所以圆盘转动一周，滑枕往复运动一次，工作台就沿横向移动一步。这个移动发生在滑枕的空回行程中。工作台的这一运动称为进给运动，有了进给运动，才能刨削出整个被加工平面。

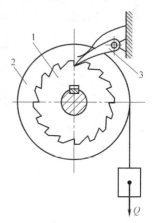

图 10-10　起重设备安全
装置中的棘轮机构
1—棘轮　2—鼓轮　3—止回棘爪

2. 制动

图 10-10 所示为起重设备安全装置中的棘轮机构。起吊重物时，如果机械发生故障，则重物有自动下落的危险，此时棘轮机构的止回棘爪将及时制动，防止棘轮倒转，以保证安全。

图 10-11 所示为杠杆控制的带式制动器，制动轮 4 与棘轮 2 固接，棘爪 3 铰接于固定架上的 A 点处，制动轮上围绕着由杠杆 5 控制的钢带 6，制动轮 4 按顺时针方向自由转动，棘爪 3 在棘轮齿背上滑动，若该轮向相反方向转动，则会被制动。

3. 超越

图 10-12 所示为自行车后轴上的内啮合棘轮机构。

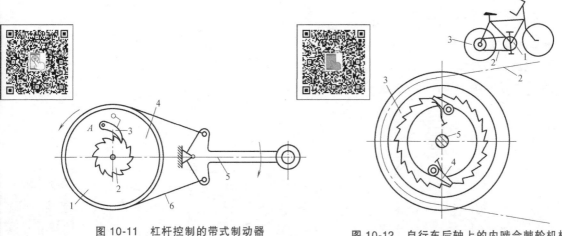

图 10-11　杠杆控制的带式制动器
1—固定架　2—棘轮　3—棘爪
4—制动轮　5—杠杆　6—钢带

图 10-12　自行车后轴上的内啮合棘轮机构
1—大链轮　2—链条　3—小链轮
4—棘爪　5—后轮轴

当人蹬踏板时，通过大链轮 1 和链条 2 带动小链轮 3 和内棘轮（它和链轮 3 为同一刚体）沿顺时针方向转动，再经过棘爪 4 的作用使后轮轴 5 沿顺时针方向转动，从而驱使自行车前进。当人需要休息或下坡，不再蹬踏板时，自行车必须照常行驶。此时，因自行车的惯性作用，后轮继续带动棘爪转动，即后轮轴 5 超越链轮 3 而转动，棘爪 4 则不起作用并受迫在棘轮齿背上不断滑过，后轮与飞轮脱开，自行车照常行驶。

10.1.4 棘轮转角的调节

棘轮转角大小的调节方法有以下两种。

1. 改变主动摇杆摆角的大小

图 10-13 所示的棘轮机构是利用曲柄摇杆机构带动棘轮做间歇运动的。可利用调节螺钉改变曲柄长度 r 以实现摇杆摆角大小的改变，从而控制棘轮的转角。

2. 加装棘轮罩以遮盖部分棘齿

如图 10-14 所示，在棘轮的外面罩一棘轮罩（棘轮罩不随棘轮一起转动），使棘爪行程的一部分在遮板上滑过，不与棘轮的齿接触，通过变更棘轮罩的位置可改变棘轮转角的大小。

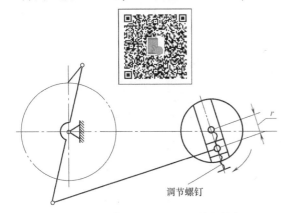

图 10-13 改变曲柄长度调节棘轮转角

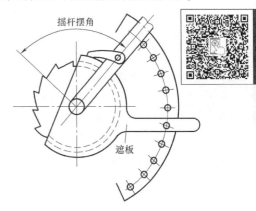

图 10-14 用棘轮罩调节棘轮转角

10.1.5 棘轮机构的设计要点

在设计棘轮机构时，为了保证棘轮机构工作的可靠性，在工作行程，棘爪应能顺利地滑入棘轮齿底。

如图 10-15 所示，设棘轮齿的工作齿面与向径 OA 倾斜 α 角，棘爪轴心 O' 和棘轮轴心 O 与棘轮齿顶 A 点的连线之间的夹角为 Σ。若不计棘爪的重力和转动副中的摩擦，则当棘爪由轮齿顶沿工作齿面 AB 滑向齿底时，棘爪将受到棘轮轮齿对其作用的法向压力 F_n 和摩擦力 F_f。

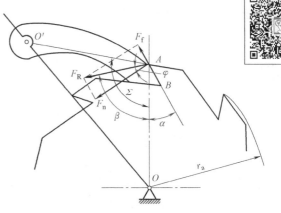

图 10-15 棘轮齿工作面倾角

为了使棘爪能顺利地进入棘轮的齿底，F_n 和 F_f 的合力 F_R 的作用线应位于 OO' 之间，即应使

$$\beta < \Sigma \qquad (10-1)$$

式中，β 是合力 F_R 与 OA 之间的夹角。

又由图 10-15 可知，$\beta = 90° - \alpha + \varphi$（其中 φ 为摩擦角）。代入式（10-1）得

$$\alpha > 90° + \varphi - \Sigma \qquad (10-2)$$

为了在传递相同的转矩时棘爪受力最小，一般取 $\Sigma = 90°$，此时有

$$\alpha > \varphi \tag{10-3}$$

即棘齿的倾斜角应大于摩擦角，当摩擦因数 $f=0.2$ 时，$\varphi=11°30'$，故常取 $\alpha=20°$。

10.2　槽轮机构

10.2.1　槽轮机构的组成及工作特点

1. 机构组成

如图 10-16 所示，槽轮机构是由主动拨盘、从动槽轮和机架等组成的。

拨盘 1 以等角速度 ω 做连续回转，槽轮 2 做间歇运动。当拨盘上的圆柱销 A 没有进入槽轮的径向槽中时，槽轮 2 的内凹锁止弧面被拨盘 1 的外凸锁止弧卡住，槽轮 2 静止不动。当圆柱销 A 刚进入槽轮径向槽中时，锁止弧面被松开，圆柱销 A 驱动槽轮 2 转动。当圆柱销 A 在另一边离开径向槽时，下一个锁止弧面又被卡住，槽轮又静止不动。直至圆销 A 再次进入槽轮的另一个径向槽中时，又重复上述运动。因此，槽轮做时动时停的间歇运动。

2. 工作特点

槽轮机构可将主动拨盘的等速回转运动转变为槽轮时动时停的间歇运动，并具有结构简单、外形尺寸小、机械效率高，以及能较平稳地间歇转位等优点，但其存在具有柔性冲击的缺点，故常用于速度不太大的场合。

图 10-16　槽轮机构
1—拨盘　2—槽轮

10.2.2　槽轮机构的类型及应用

1. 槽轮机构的类型

普通槽轮机构有外槽轮机构和内槽轮机构两种类型，槽轮上的各槽是均匀分布的，用于传递平行轴之间的运动。外槽轮机构的特点是拨盘与槽轮的转向相反，如图 10-16 所示；内槽轮机构的特点是拨盘与槽轮的转向相同，槽轮停歇时间较短，运转较平稳，机构空间尺寸小，如图 10-17 所示。

在机械中还会用到一些特殊形式的槽轮机构。如图 10-18 所示的不等臂长多销槽轮机构，其径向槽的径向尺寸不同，拨盘上圆销的分布也不均匀。这样，在槽轮转一周过程中，可以实现几个运动时间和停歇时间均不相同的运动要求。

当需要在两相交轴之间进行间歇传动时，可采用球面槽轮机构。图 10-19 所示为两相交轴间夹角为

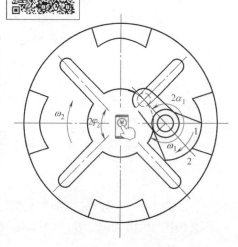

图 10-17　内槽轮机构

90°的球面槽轮机构。其从动槽轮2呈半球形，主动拨轮1的轴线及拨销3的轴线均通过球心。该机构的工作过程与平面槽轮机构相似。主动拨轮上的拨销通常只有一个，槽轮的动、停时间相等。如果在主动拨轮上对称地安装两个拨销，则当一侧的拨销由槽轮的槽中脱出时，另一拨销将进入槽轮的另一相邻槽中，故槽轮可连续转动。

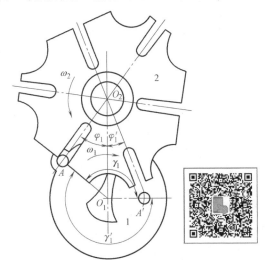

图10-18 不等臂长多销槽轮机构

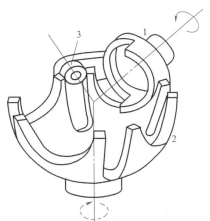

图10-19 球面槽轮机构

1—主动拨轮 2—从动槽轮 3—拨销

2. 槽轮机构的应用

槽轮机构应用广泛。图10-20所示为外槽轮机构在电影放映机中的应用。而图10-21所示则为槽轮机构在单轴六角自动车床转塔刀架转位机构中的应用。

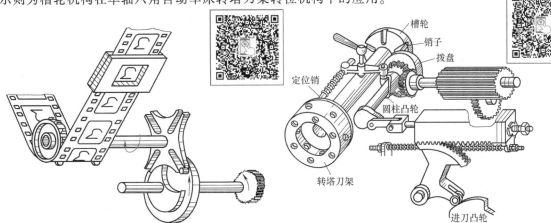

图10-20 外槽轮机构在电影放映机中的应用

图10-21 转塔刀架

10.2.3 槽轮机构的设计要点

1. 普通槽轮机构的运动系数

在图10-16所示的外槽轮机构中，当主动拨盘回转一周时，槽轮的运动时间 t_d 与主动拨盘转一周的总时间 t 之比，称为槽轮机构的运动系数，用 k 表示。因为拨盘常做等速回转，k 也可以用拨盘转角之比来表示。根据图 10-16，时间 t_d 与 t 所对应的拨盘转角分别为 $2\alpha_1$ 与 2π，且有 $2\alpha_1 = \pi - 2\varphi_2$。其中，$2\varphi_2$ 为槽轮槽间角。设槽轮上有 z 个均布槽，则 $2\varphi_2 = 2\pi/z$。因此，槽轮机构的运动系数 k 为

$$k = \frac{t_d}{t} = \frac{2\alpha_1}{2\pi} = \frac{\pi - 2\varphi_2}{2\pi} = \frac{\pi - 2\pi/z}{2\pi} = \frac{1}{2} - \frac{1}{z} \tag{10-4}$$

由于 $k > 0$，故槽数 $z \geqslant 3$。又由式（10-4）可知 $k < 0.5$，故单销槽轮机构的槽轮运动时间总是小于其静止时间。

具有 n 个均布圆销的槽轮机构的运动系数 k 为

$$k = n \left(\frac{1}{2} - \frac{1}{z} \right) \tag{10-5}$$

因 $k \leqslant 1$，则有 $n \leqslant 2z/(z-2)$。

由此可知，槽数与圆销数间的关系为：$z = 3$ 时，$n = 1 \sim 6$；$z = 4$ 时，$n = 1 \sim 4$；$z = 5$、6 时，$n = 1 \sim 3$；$z \geqslant 7$ 时，$n = 1 \sim 2$。

单销内槽轮机构的运动系数为

$$k = \frac{t_d}{t} = \frac{2\alpha_1}{2\pi} = \frac{\pi + 2\varphi_2}{2\pi} = \frac{\pi + 2\pi/z}{2\pi} = \frac{1}{2} + \frac{1}{z} \tag{10-6}$$

故 $k > 0.5$。

槽轮机构的角速度及角加速度的最大值随槽轮数 z 的增多而减小；当圆销开始进入和离开径向槽时，瞬时有柔性冲击，且该冲击随槽数 z 的减少而增大；内槽轮机构与外槽轮机构一样，有加速度突变，且其值与外槽轮相等。

2. 槽轮机构几何尺寸的计算

机械中最常用的是径向槽均匀分布的外槽轮机构。对于这种机构，在设计计算时，首先应根据工作要求确定槽轮的槽数 z 和主动拨盘的圆销数 n；再按受力情况和实际机械所允许的安装空间尺寸，确定中心距 a 和圆销半径 r；最后确定其他几何尺寸。

由图 10-16 所示的几何关系求出其他尺寸

$$R = L\sin\varphi_2 = L\sin\frac{\pi}{z} \tag{10-7}$$

$$s = L\cos\varphi_2 = L\cos\frac{\pi}{z} \tag{10-8}$$

$$h \geqslant s - (L - R - r) \tag{10-9}$$

拨盘轴的直径 d_1 及槽轮轴的直径 d_2 受锁止弧半径大小的限制，其计算公式为

$$d_1 \leqslant 2(L - s) \tag{10-10}$$

$$d_2 < 2(L - R - r) \tag{10-11}$$

锁止弧的半径大小根据槽轮轮叶齿顶厚度 b 来确定，通常取 $b = 3 \sim 10\text{mm}$。

🔑 10.3 凸轮式间歇运动机构

10.3.1 凸轮式间歇运动机构的工作原理及特点

1. 工作原理

凸轮式间歇运动机构由主动轮和从动盘组成，如图 10-22 所示。主动凸轮 1 做连续转

动，通过其凸轮廓线推动从动盘2做预期的间歇分度运动。

2. 工作特点

由图10-22可以看出，只要设计合适的主动凸轮廓线，就可使从动盘的动载荷小，无刚性、柔性冲击，从而适合高速运转，无需定位装置，定位精度高，结构紧凑。其缺点是加工精度要求高，对装配、调整要求严格。

10.3.2　凸轮式间歇运动机构的类型及应用

1. 圆柱凸轮式间歇运动机构

图10-22a所示即为圆柱凸轮间歇运动机构，此机构用于两相错轴间的分度传动。图10-23a为其仰视图，图10-23b为其展开图。为了实现可靠定位，在停歇阶段，从动盘上相邻两个柱销必须同时贴在凸轮直线轮廓的两侧。为此，凸轮轮廓上直线段的宽度应等于相邻两柱销表面内侧之间的最短距离，即

$$b = 2R_2 \sin\alpha - d \qquad (10\text{-}12)$$

式中，R_2 为从动盘上的柱销中心圆半径；α 为销距半角，$\alpha = \pi/z_2$；z_2 为从动盘上的柱销数；d 为柱销直径。

凸轮曲线的升程 h 等于从动盘上相邻两柱销间的弦距 l，即

$$h = l = 2R_2 \sin\alpha \qquad (10\text{-}13)$$

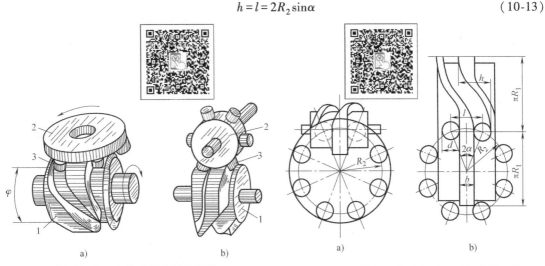

图10-22　凸轮式间歇运动机构　　　　　图10-23　圆柱凸轮式间歇运动机构展开图
1—主动凸轮　2—从动盘　3—圆柱销

凸轮曲线的设计可按摆动推杆圆柱凸轮的设计方法进行。从动盘上的柱销数一般取 $z_2 \geq$ 6，凸轮的槽数为1。这种机构在轻载的情况下（如在纸烟、火柴包装，拉链嵌齿等机械中），其间歇运动的频率高达1500次/min左右。

2. 蜗杆凸轮式间歇运动机构

图10-22b所示为蜗杆凸轮式间歇运动机构，其主动件1为圆弧面蜗杆式凸轮，从动盘2为具有周向均布柱销的圆盘。当主动件1转动时，推动从动盘2做间歇转动。设计时，蜗杆凸轮通常也采用单头，从动盘上的柱销数一般取 $z_2 \geq 6$。从动盘按正弦加速度规律设计，承载能力高。从动盘上的柱销可采用窄系列的球轴承，并采用调整中心距的办法，来消除滚子表面和凸轮轮廓之间的间隙，以提高传动精度。

这种机构可在高速下承受较大的载荷，在要求高速、高精度的分度转位机械（如高速压力机、多色印刷机、包装机等）中，其应用日益广泛。它能实现 1200 次/min 左右的间歇动作，而分度值可达 30″。

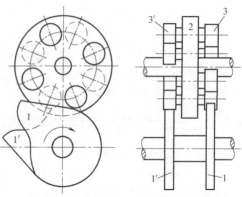

图 10-24　共轭凸轮式间歇运动机构
1、1′—平面凸轮　2—从动盘　3、3′—滚子

3. 共轭凸轮式间歇运动机构

如图 10-24 所示，共轭凸轮式间歇运动机构由装在主动轴上的一对共轭平面凸轮 1、1′和装在从动轴上的从动盘 2 组成，在从动盘的两端面上各均匀分布有滚子 3 和 3′。

两个共轭凸轮分别与从动盘两侧的滚子接触，在一个运动周期中，两凸轮相继推动从动盘转动，并保持机构的几何封闭。

这种机构具有较好的动力特性、较高的分度精度（分度值为 15″～30″）及较低的加工成本，因而在自动分度机构、机床的换刀机构、机械手的工作机构、X 光医疗诊断台等中得到了广泛应用。

📌 10.4　不完全齿轮机构

10.4.1　不完全齿轮机构的工作原理和特点

1. 工作原理

不完全齿轮机构是由齿轮机构演变而来的一种间歇运动机构。即在主动齿轮上只做出一部分齿，并根据运动时间与停歇时间的要求，在从动齿轮上做出与主动齿轮轮齿相啮合的轮齿。当主动齿轮做连续回转运动时，从动齿轮做间歇回转运动。在从动齿轮停歇期内，两齿轮轮缘各有锁止弧起定位作用，以防止从动齿轮产生游动。

在图 10-25a 所示的不完全齿轮机构中，主动齿轮 1 上只有 1 个轮齿，从动齿轮 2 上有 8 个轮齿，故主动齿轮转一转时，从动齿轮只转 1/8 转。在图 10-25b 所示的不完全齿轮机构中，主动齿轮 1 上有 4 个齿，从动齿轮 2 的圆周上具有 4 个运动段（各有 4 个齿）和 4 个停歇段。主动齿轮转一转，从动齿轮转 1/4 转。

2. 工作特点

不完全齿轮机构的结构简单，制造容易，工作可靠，设计时从动齿轮的运动时间和静止时间的比例可在较大范围内变化。其缺点是冲击较大，故只宜用于低速、轻载场合。

10.4.2　不完全齿轮机构的类型及应用

1. 不完全齿轮机构的类型

不完全齿轮机构的类型有外啮合（图 10-25）与内啮合（图 10-26）、圆柱与圆锥不完全齿轮机构等。

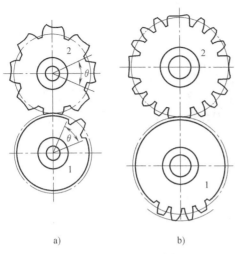

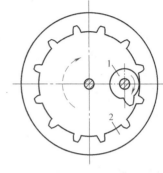

图 10-25 外啮合不完全齿轮机构　　　　图 10-26 内啮合不完全齿轮机构

2. 不完全齿轮机构的应用

不完全齿轮机构多用于一些具有特殊运动要求的专用机械中。在图 10-27 所示的用于铣削乒乓球拍周缘的专用靠模铣床中就有不完全齿轮机构。加工时，主动轴 1 带动铣刀轴 2 转动。而另一根主动轴 3 上的不完全齿轮 4 和 5 分别使工件轴得到正、反两个方向的回转。当工件轴转动时，在靠模凸轮 7 和弹簧的作用下，使铣刀轴上的滚轮 8 紧靠在靠模凸轮 7 上，以保证加工出工件（乒乓球拍）的周缘。

不完全齿轮机构在电表、煤气表等的计数器中应用很广。图 10-28 所示为 6 位计数器，其轮 1 为输入轮，它的左端只有 2 个齿，各中间轮 2 和轮 4 的右端均有 20 个齿，左端也只有 2 个齿（轮 4 左端无齿），各轮之间通过惰轮 3 联系。当轮 1 转一转时，其右侧相邻轮 2 只转过 1/10 转，以此类推，从右到左从读数窗口看到的读数分别代表个、十、百、千、万、十万。

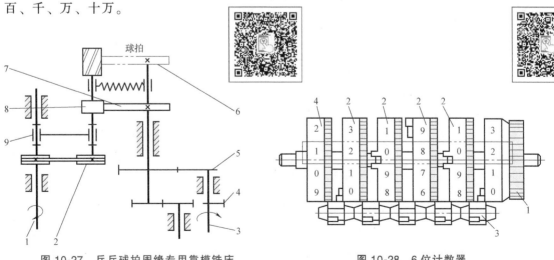

图 10-27 乒乓球拍周缘专用靠模铣床　　　　图 10-28 6 位计数器

1、3—主动轴　2—铣刀轴　4、5—不完全齿轮
6—工件　7—靠模凸轮　8—滚轮　9—机架

10.5 螺旋机构

1. 螺旋机构的组成

螺旋机构由螺杆、螺母和机架等组成。一般情况下，它是将旋转运动转换为直线运动。在图 10-29 中，是将螺杆 1 的旋转运动转换为螺母 2 的轴向移动。

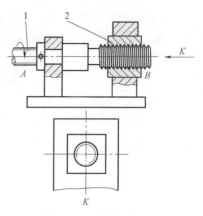

螺旋机构的主要优点是能获得很大的减速比和力的增益，还可具有自锁性。它的主要缺点是机械效率一般较低，特别是具有自锁性时效率将低于 50%。因此，螺旋机构常用于起重机、压力机以及功率不大的进给系统和微调装置中。

2. 螺旋机构的运动分析

在图 10-29 所示的简单螺旋机构中，当螺杆转过 φ 角时，螺母沿其轴向移动的距离为

$$s = \frac{l\varphi}{2\pi} \tag{10-14}$$

图 10-29　螺旋机构
1—螺杆　2—螺母

式中，l 为螺旋的导程。

（1）微动螺旋机构　在图 10-29 所示的螺旋机构中，设 A、B 段的螺旋导程分别为 l_A、l_B，且两端螺旋的旋向相同（即同为左旋或右旋）。则当螺杆 1 转过 φ 角时，螺母 2 的位移 s 为

$$s = \frac{(l_A - l_B)\varphi}{2\pi} \tag{10-15}$$

因为 l_A、l_B 相差很小，位移 s 可能很小，故这种螺旋机构称为微动螺旋机构。

微动螺旋机构常用于测微计、分度机构及调节机构中，如调节镗刀进给量的螺旋机构。

（2）复式螺旋机构　如果螺旋机构的两段螺旋导程分别为 l_A、l_B，且两端螺旋的旋向相反，则这种螺旋机构称为复式螺旋机构。此时，位移 s 为

$$s = \frac{(l_A + l_B)\varphi}{2\pi} \tag{10-16}$$

这种螺旋机构常用于车辆的连接。

3. 螺旋机构的设计要点

螺旋机构设计的关键是选择合适的螺旋导程角、导程及头数等参数。根据不同的工作要求，螺旋机构应具有不同的几何参数。当要求螺旋具有自锁性或具有较大的减速比（微动）时，宜选用单头螺旋，以及较小的导程及导程角，但效率较低。当要求传递大的功率或快速运动时，则宜采用具有较大导程角的多头螺旋。

10.6　万向铰链机构

万向铰链机构又称万向联轴器。它可用于传递两相交轴间的运动，在传动过程中，两轴之间的夹角可以变动，是一种常用的变角度传动机构。万向铰链机构被广泛应用于汽车、机床等的机械传动系统中。

10.6.1 单万向铰链机构

1. 机构的组成

单万向铰链机构是主、从动轴末端各有一叉，用铰链与中间的"十"字形构件铰接而成的机构，如图 10-30 所示。

2. 工作特点

单万向铰链机构为变角度传动机构，两轴的平均传动比为 1；但其角速度比却不恒等于 1，而是随时变化的。

3. 运动特性

当单万向铰链机构的主动轴 I 以 ω_1 等速回转时，从动轴 II 角速度 ω_2 的变化范围为

$$\omega_1\cos\alpha \leqslant \omega_2 \leqslant \frac{\omega_1}{\cos\alpha} \qquad (10\text{-}17)$$

其变化幅度与两轴夹角 α 有关，一般 $\alpha \leqslant 30°$。

10.6.2 双万向铰链机构

为了避免从动轴变速转动的缺点，常将单万向铰链机构成对使用，这便是双万向铰链机构，如图 10-31 所示。在双万向铰链机构中，主、从动轴角速度恒等的条件为：

1）轴 1、3 和中间轴 2 应位于同一平面内。

2）轴 1、3 的轴线与中间轴 2 的轴线之间的夹角相等。

3）中间轴两端的叉面应位于同一平面内。

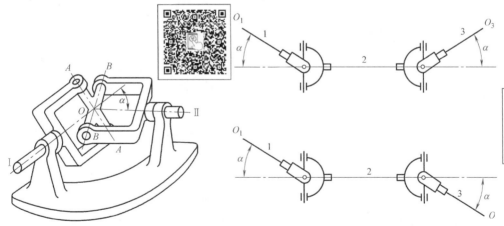

图 10-30 单万向铰链机构   图 10-31 主、从动轴角速度恒等的条件

🔧 10.7 含有某些特殊元件的广义机构

现代机械中已经广泛地采用含有电磁元件、气动液压元件、光敏元件、热敏元件等特殊元件的机构，将含有某些特殊元件的机构称为广义机构。广义机构大大地扩大了机械的功能，使得各行各业对现代机械提出的各种特殊要求得到了满足。

例如，计算机输出设备之一的针式打印机打印头如图 10-32 所示，每根打印针对应一个

电磁铁。每接到一个电脉冲信号，电磁铁吸合一次，其衔铁打击打印针的尾部，打印针的针头就在打印纸上打出一个点，而字符由一系列点阵组成。在开具票据的多联打印中，针式打印几乎是不可缺少的。

再如，用于操纵机械手夹持器的气动装置如图 10-33 所示。当电磁阀 2 通电时，阀芯右移，压缩空气由气源 1 经阀 2 进入气缸 3 的左腔，使活塞 4 右移，借助活塞杆前端的锥体，使由连杆 6、7、8 构成的机械手夹持器将物体 9 夹紧。需要将物体 9 松开时，电磁阀 2 断电，阀芯左移，气源关断，气缸 3 左腔的气体经阀 2 排空，活塞 4 靠弹簧 5 的回复力向左退回，使机械手夹持器松开。

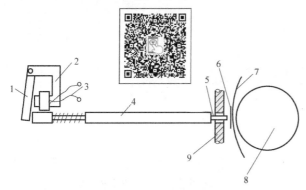

图 10-32　针式打印机打印头

1—衔铁　2—铁心　3—线圈　4—针管　5—打印针
6—色带　7—打印纸　8—滚筒　9—导板

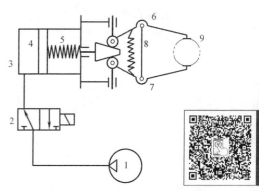

图 10-33　操纵机械手夹持器的气动装置

1—气源　2—电磁阀　3—气缸　4—活塞
5—弹簧　6、7、8—连杆　9—物体

再如，镗刀径向自动补偿微调装置如图 10-34 所示。在压电陶瓷元件 8 上施加一正向电压时，压电陶瓷元件向左伸长，推动装在刀体 1 中的滑柱 7、方形楔块 6 和圆柱楔块 2，借助斜面将固定镗刀 4 的刀套 3 顶起，实现镗刀 4 的一次微量进给（进给量约为 0.1μm）。而当压电陶瓷元件 8 上通反向电压时，它则向右收缩，楔块 6 在弹簧力的作用下向下移动，自动填补压电陶瓷元件收缩时所产生的空隙。当再次在压电陶瓷元件上通正向电压时，镗刀又会产生一次微量进给。

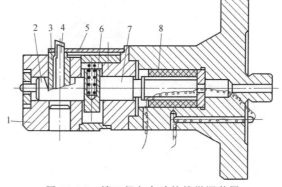

图 10-34　镗刀径向自动补偿微调装置

1—刀体　2—圆柱楔块　3—刀套　4—固定镗刀
5—导套　6—楔块　7—滑柱　8—压电陶瓷元件

因此，在压电陶瓷元件上通以一定次数的正向脉冲电压，就可获得所需要的微量补偿量。镗刀总的位移量约为 0.1mm。这种装置的缺点是镗刀头不能自动缩回。镗刀径向自动补偿微调装置属于一种微位移机构，在各种精密机械、仪表及加工设备中应用广泛。

对于微位移机构和以极低速度运行的机构，如果设计不良，常会出现所谓"爬行"现象，即机构的执行构件并不能紧随其原动件的运动而运动，而是时动时停、时快时慢地爬行。这种现象主要是由于运动副元素间的摩擦力不稳定和传动构件的弹性而造成的。

在设计微位移机构和以极低速度运动的机构时，为避免或减轻这种"爬行"现象的影响，应设法提高系统的刚度（如采用尽可能短的运动链等），降低运动副中的摩擦阻力（如采用滚动摩擦等），减小动、静摩擦因数之差（如用特殊的润滑剂等）。

由于广义机构具有一些特殊的功能，因此，其在各种现代机械中得到了越来越广泛的应用。

习题与思考题

10-1 棘轮机构有何特点？棘轮工作齿面的倾斜角应如何确定？若倾斜角过小，将会出现什么问题？

10-2 棘轮机构除用作间歇进给机构外，还常用作什么机构使用？

10-3 试论述在牛头刨床的进给机构中采用棘轮机构是否合理。

10-4 为什么槽轮机构的运动系数 k 不能大于 1？

10-5 试论述在电影放映机的抓片机构中采用槽轮机构是否合理。

10-6 凸轮式间歇运动机构设计的基本原理是什么？为了适应高速运动的要求，在设计时应注意什么问题？

10-7 棘轮机构、槽轮机构、不完全齿轮机构及凸轮式间歇运动机构均能使执行构件获得间歇运动，试从工作特点、运动及动力性能方面分析它们各自的适用场合。

10-8 螺旋机构的运动特点是什么？变转动为移动有哪三种基本形式？其位移的大小和方向如何确定？

10-9 单万向铰链机构在传动过程中有何特点？一般用于什么场合？

10-10 双万向铰链机构要满足什么条件才能保证传动比恒为 1？中间轴做何种运动？

10-11 某机床分度机构中的双万向联轴器在设备检修时，被误装成图 10-35 所示的形式。试求其从动轴 3 的角速度变化范围，并说明应如何改正。

10-12 图 10-36 所示为机床上带动溜板 2 在导轨 3 上移动的微动螺旋机构。螺杆 1 上有两段旋向均为右旋的螺纹，A 段的导程 $l_A = 1\text{mm}$，B 段的导程 $l_B = 0.75\text{mm}$。试求当手轮按 K 向顺时针转动一周时，溜板 2 相对于导轨 3 移动的方向及距离。如果将 A 段螺纹的旋向改为左旋，而 B 段的旋向及其他参数不变，结果又将如何？

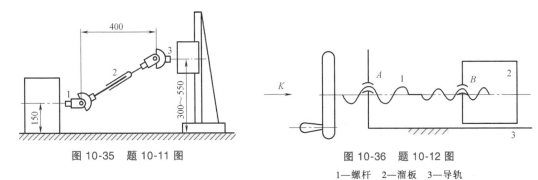

图 10-35 题 10-11 图   图 10-36 题 10-12 图
1—螺杆 2—溜板 3—导轨

10-13 为获得准确的微位移或极低的匀速运动，为什么不能简单地依靠增大机械传动系统的传动比来实现？什么是"爬行"现象？消除或减少"爬行"现象的主要措施有哪些？

第 11 章

机械系统动力学设计

在前面章节中对平面机构做动态静力分析时提到，在实际工况中，作用在机器执行构件的生产阻力的形式是各种各样的，绝大多数机器受到的生产阻力是变化的。因此，绝大多数机械系统主轴的速度在机械运转时都不是匀速的，而是波动变化的。主轴速度波动变化过大会影响机器的正常工作，如金属切削机床主轴速度波动过大可能导致加工表面质量下降；发电机组速度波动过大会造成电压不稳，从而危及整个供电系统中设备的安全运行。过大的速度波动会增大运动副中的动载荷，加剧运动副的磨损，降低机器的工作精度和传动效率，缩短机器的使用寿命。周期性的速度波动还会激发机器振动，产生刺耳的噪声，甚至引起机器共振，造成意外事故等。因此，分析研究机械系统的真实运动规律是机械设计的重要内容。

高速、重载的机械系统中，构件周期运动产生的惯性力和惯性力矩是造成系统主轴速度波动的重要原因之一，也是造成系统振动、产生噪声和增大机构动载荷的直接原因。合理分配各构件的质量与质心位置，对于减轻机构惯性力和惯性力矩对运动的不利影响是十分必要的。因此，如何对机械进行平衡计算也是机械设计的内容之一。

综上所述，本章将在机构的动态静力分析基础上讨论机械的平衡、机械的真实运动规律分析和速度波动的调节等问题。

📌 11.1 机械的平衡

11.1.1 机械平衡的目的

机械在运转时，构件所产生的不平衡惯性力的大小和方向一般都是周期性变化的。这一方面将在运动副中引起附加的动压力，会增大运动副中的摩擦和构件中的内应力，降低机械的效率和使用寿命。另一方面必将引起机械及其基础产生强迫振动或共振，不仅会影响机械本身的正常工作和使用寿命，还会使附近的工作机械及厂房建筑受到影响甚至破坏。

机械平衡的目的就是设法对构件上的不平衡惯性力加以平衡，以消除或减少惯性力的不良影响。机械的平衡是现代机械设计的一个重要问题，尤其是在高速机械及精密机械中，更具有特别重要的意义。当然，有一些机械是利用构件产生的不平衡惯性力所引起的振动来工作的，如振实机、按摩机、蛙式打夯机、振动打桩机、振动运输机、振动台等。

11.1.2　机械平衡的内容

在机械中，由于各构件的结构及运动形式不同，其所产生的惯性力及其平衡方法也不同。据此，机械的平衡问题可分为转子的平衡和机构的平衡两类。

1. 转子的平衡

常把做回转运动的构件称为转子，把做回转运动的构件的平衡称为转子的平衡。如汽轮机、发电机、电动机及离心机等机器，都是以转子作为工作的主体。

取一根钢制转轴置于实验台上并使其转动，当轴的转速接近某一转速时，通过测量仪可以观察到轴会产生强烈的振动和相当大的挠曲变形，转子越细长，产生强烈振动和出现较大挠曲变形时的转速越低。轴在第一次出现强烈振动的转速称为轴的一阶临界转速。在实验中还可以观察到，当转速越过一阶临界转速以后，轴的振动又逐渐地平息下去，但当转速继续升高到某一数值时，轴会再次发生第二次、第三次强烈的振动……把轴再次产生强烈振动的转速依次称为二阶临界转速、三阶临界转速……由于任何材质制成的转子在高速转动时都会产生上述振动过程，并会出现较大的挠曲变形，故把运转在一阶临界转速以上的转子称为挠性转子，而把运转在一阶临界转速以下的转子称为刚性转子。

1）刚性转子的平衡。因惯性力引起轴的变形量不大，平衡的主要目的是消除或减轻惯性力在转子支承上引起的动反力，其平衡按理论力学中的力系平衡理论进行。

2）挠性转子的平衡。转子会因共振而产生强烈的振动，并出现较大的挠曲变形。这类转子的平衡除了要减轻由惯性力引起的动载荷和振动外，还要减轻或消除转子的挠曲变形，其平衡原理是基于弹性梁的横向振动理论。如航空涡轮发动机、汽轮机、发电机等中的大型转子，其质量和跨度很大，而径向尺寸却较小，共振转速较低，而工作转速 n 又往往很高，故在工作过程中将会产生较大的弯曲变形，从而使其惯性力显著增大。由于这个问题比较复杂，需做专门研究，故本章不再介绍。

2. 机构的平衡

做往复移动或平面复合运动的构件，其所产生的惯性力无法在该构件上平衡，而必须就整个机构加以研究。由于惯性力的合力和合力偶最终均由机械的基础所承受，故又称这类平衡问题为机械在机座上的平衡。

11.1.3　刚性转子的平衡计算

在转子的设计阶段，尤其是在设计高速转子及精密转子结构时，必须进行平衡计算，以检验惯性力和惯性力矩是否平衡。若不平衡则需要在结构上采取措施，以消除不平衡惯性力的影响。转子的平衡计算分为静平衡计算和动平衡计算，现分述如下。

1. 刚性转子的静平衡计算

对于宽径比小于 0.2 的盘状转子（如齿轮、盘形凸轮、带轮、叶轮等），它们的质心可以近似地认为分布在垂直于其回转轴线的同一平面内。若其质心不在回转轴线上，则当其转动时，偏心质量就会产生离心惯性力。由于这种不平衡现象在转子处于静态时即可表现出来，故称其为静不平衡。对这类转子进行静平衡时，可在转子上增加或除去一部分质量，使其质心与回转轴心重合，即可得以平衡。

图 11-1 所示为一盘状转子，已知其具有偏心质量 m_1、m_2，各自的回转半径为 r_1、r_2，

方向如图所示，转子角速度为 ω，则各偏心质量所产生的离心惯性力为

$$F_i = m_i \omega^2 r_i \tag{11-1}$$

式中，r_i 表示第 i 个偏心质量的矢径。

为了平衡这些离心惯性力，可在转子上加一平衡质量 m_b，使其产生的离心惯性力 F_b 与各偏心质量的离心惯性力 F_i 相平衡。故静平衡条件为

$$\sum F = \sum F_i + F_b = 0 \tag{11-2}$$

设平衡质量 m_b 的矢径为 r_b，则式（11-2）可化为

$$m_1 r_1 + m_2 r_2 + m_b r_b = 0 \tag{11-3}$$

式中，$m_i r_i$ 称为质径积，为矢量。

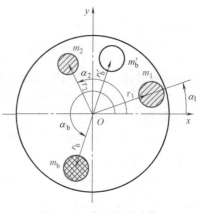

图 11-1　静平衡的计算

平衡质径积 $m_b r_b$ 的大小和方位，由 $\sum F_x = 0$ 及 $\sum F_y = 0$，有

$$(m_b r_b)_x = -\sum m_i r_i \cos\alpha_i \tag{11-4}$$

$$(m_b r_b)_y = -\sum m_i r_i \sin\alpha_i \tag{11-5}$$

式中，α_i 为第 i 个偏心质量 m_i 的矢径 r_i 与 x 轴间的夹角（从图 11-1 中的 x 轴沿逆时针方向计量）。则平衡质径积的大小为

$$(m_b r_b) = \left[(m_b r_b)_x^2 + (m_b r_b)_y^2 \right]^{1/2} \tag{11-6}$$

根据转子结构选定 r_b（一般适当选大一些）后，即可定出平衡质量 m_b，而其相位角 α_b 为

$$\alpha_b = \arctan \frac{(m_b r_b)_y}{(m_b r_b)_x} \tag{11-7}$$

根据以上分析可见，对于静不平衡的转子，只需要在同一个平衡面内增加或除去一个平衡质量即可获得平衡，故又称为单面平衡。

2. 刚性转子的动平衡计算

对于宽径比大于 0.2 的转子（如内燃机曲轴、电机转子和机床主轴），其偏心质量往往分布在若干个不同的回转平面内，如图 11-2 所示。在这种情况下，即使转子的质心在回转轴线上，如图 11-3 所示，由于各偏心质量所产生的离心惯性力不在同一回转平面内，将形成惯性力偶，因此仍然是不平衡的。而且该力偶的作用方位是随转子的回转而变化的，故也会引起机械设备的振动。这种不平衡现象只有在转子运转时才能显示出来，故称其为动不平衡。对转子进行动平衡，要求其各偏心质量产生的惯性力和惯性力偶矩同时得以平衡。

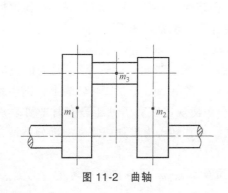

图 11-2　曲轴

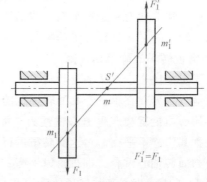

图 11-3　动不平衡转子

如图 11-4a 所示，设已知偏心质量 m_1、m_2 和 m_3 分别位于回转平面 1、2 和 3 内，它们的回转半径分别为 r_1、r_2 和 r_3，方向如图所示。当此转子以角速度 ω 回转时，它们产生的惯性力 F_{I1}、F_{I2} 及 F_{I3} 将形成一空间力系，故转子动平衡的条件是：各偏心质量（包括平衡质量）产生的惯性力的矢量和为零，这些惯性力所构成的力矩矢量和也为零，即

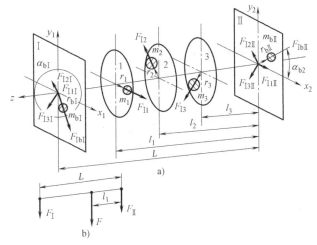

图 11-4 动不平衡转子的平衡

$$\sum F = 0, \quad \sum M = 0 \quad (11\text{-}8)$$

由理论力学可知，可将力 F 分解成两个分力，如图 11-4b 所示。为了使转子获得动平衡，首先选定两个回转平面 I 及 II 作为平衡基面，再将各离心惯性力按上述方法分别分解到平衡基面上，这样，就把空间力系的平衡问题转化为两个平面汇交力系的平衡问题了。只要在两个平衡基面内适当地各加一平衡质量，使两平衡基面内的惯性力之和分别为零，这个转子便可达到动平衡。

由以上分析可知，对于任何动不平衡的刚性转子，只要在两个平衡基面内分别各加上或除去一个适当的平衡质量，即可达到完全平衡。故动平衡又称为双面平衡。

11.1.4 刚性转子的平衡试验

设计时须通过计算使转子达到静、动平衡，但由于制造和装配的不精确、材质的不均匀等原因，又会产生新的不平衡。为了使转子达到平衡，可以用试验的方法进行平衡设计。下面就静、动平衡试验分别加以介绍。

1. 静平衡试验

对转子进行静平衡试验的目的是使转子的质心落在其回转中心上，为此可采用图 11-5 所示的装置。把转子支承在两个水平放置的摩擦很小的导轨（图 11-5a）或滚轮（图 11-5b）上。

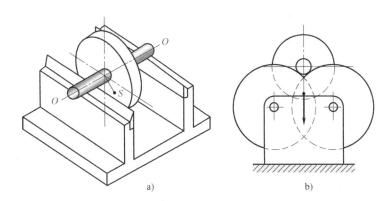

图 11-5 静平衡试验装置

当转子存在偏心质量时，就会在支承上转动直至质心处于最低位置，这时可在质心相反

的方向上施加校正平衡质量，再重新使转子转动，反复增减平衡质量，直至转子在支承上呈随遇平衡状态，即说明转子已达到静平衡。

对大中型低速回转构件的静平衡试验，需要借助计算机辅助系统来计算。

2. 动平衡试验

转子的动平衡试验一般需要在专用的动平衡机上进行。动平衡机有各种不同的形式，它们的构造及工作原理也不尽相同，有通用平衡机、专用平衡机（如陀螺平衡机、曲轴平衡机、涡轮转子平衡机、传动轴平衡机等），但其作用都是测定需加于两个平衡基面上的平衡质量的大小及方位，并进行校正。动平衡试验机主要由驱动系统、支承系统、测量指示系统和校正系统等部分组成。当前工业上使用较多的动平衡机是根据振动原理设计的，测振传感器将由转子转动引起的振动转换成电信号，通过电子线路加以处理和放大，最后用电子仪器显示出被试转子的不平衡质径积的大小和方位。

图 11-6 所示为一种动平衡机的工作原理示意图。

将被试验转子 15 放在两个弹性支承上，由电动机 2 通过带传动 1 和双万向联轴器 3 驱动其转动。试验时，转子上的偏心质量使弹性支承产生振动。此振动通过传感器 12 与 4 转变为电信号，两电信号同时传到解算电路 5，它对信号进行处理，以消除两平衡基面之间的相互影响。用选择开关 6 选择平衡基面Ⅰ或Ⅱ，再经选频放大器 7 将信号放大，并由仪表 8 显示出该基面上的不平衡质径积的大小。而放大后的信号又经过整形放大器 9 转变为脉冲信号，并将此信号送到鉴相器 11 的一端。鉴相器的另一端接收来自光电头 14 和整形放大器 13 的基准信号，它的相位与转

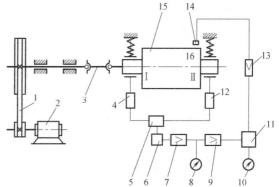

图 11-6 动平衡机工作原理示意图
1—带传动 2—电动机 3—双万向联轴器
4、12—传感器 5—解算电路 6—选择开关 7—选频放大器
8—仪表 9、13—整形放大器 10—相位表 11—鉴相器
14—光电头 15—转子 16—标记

子上的标记 16 相对应。鉴相器两端信号的相位差由相位表 10 读出。可以标记 16 为基准，确定出偏心质量的相位。再用选择开关对另一平衡基面进行平衡。

11.2 机械的运转与速度波动

机器的运动规律是由各构件的质量、转动惯量和作用于各构件上的力等多方面因素决定的。作用在机器上的大小、方向不断变化的力，导致了机器运动和动力输入轴（主轴）角速度的波动和驱动力矩的变化。机器主轴速度波动过大，对机器完成其工艺过程是十分有害的，它会使机器产生振动和噪声，使运动副中产生过大的动负荷，从而缩短机器的使用寿命。

11.2.1 机械的运动规律

1. 机械运转的三个阶段

图 11-7 所示为一般机械在运转时主轴速度的变化过程，其中包括机械在起动、停车阶

段主轴速度变化的瞬态过程和机械正常运转时的稳态过程。

（1）起动阶段 在起动阶段，机械原动件的角速度 ω 由零逐渐上升，直至达到正常运转速度为止。在此阶段，由于驱动功大于阻抗功，所以机械积蓄了动能。

（2）稳定运转阶段 继起动阶段之后，机械进入稳定运转阶段。在这一阶段中，原动件的平均角速度 ω 保持为一常数，而其瞬时角速度通常会出现周期性波动。就一个周期而言，机械的总驱动功与总阻抗功是相等的。这种稳定运转称为周期变速稳定运转，如活塞式压缩机等机械的运转情况即属于此类。而另外一些机械，如鼓风机、风扇等，其原动件的角速度 ω 在稳定运转过程中恒定不变，即 $\omega=$ 常数，则称其为等速稳定运转。

（3）停车阶段 在机械的停车阶段，驱动功为零。当阻抗功将机械具有的动能消耗完时，机械便停止运转。一般在停车阶段，机械上的工作阻力也不再起作用，为了缩短停车所需的时间，在许多机械上都安装了制动装置。安装制动器后的停车阶段如图 11-7 中的虚线所示。

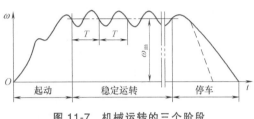

图 11-7 机械运转的三个阶段

起动阶段与停车阶段统称为机械运转的过渡阶段。一些机器对其过渡阶段的工作有特殊要求，如空间飞行器姿态调整要求小推力推进系统响应迅速，发动机的起动、关机等过程要在几十毫秒内完成，这主要取决于控制系统反应速度的快慢（一般在几毫秒内完成）。另外，一些机器在起动和停车时为避免产生过大的动应力和振动而影响工作质量或寿命，在控制上采用了软起动方式和自然、紧急等多种停车方式。多数机械是在稳定运转阶段进行工作的，但也有一些机械（如起重机等），其工作过程却有相当一部分是在过渡阶段进行的。

2. 机械系统的等效动力学模型

要研究机械系统的真实运动，必须首先分析系统的功能关系，建立作用于系统上的外力与系统动力参数和运动参数之间的关系式。建立这种关系式的方法很多，可以用前面讨论过的动态静力学方法，本节主要介绍以动能定理为基础建立机械系统等效动力学模型的方法。

由机构的运动分析可知，对于单自由度的机构，只要确定了机构中一个连架杆的运动，所有其他构件的运动就都可以确定出来。因此，可将机械系统转化为一个等效构件，等效构件相对机架做定轴转动或移动，如图 11-8 所示。

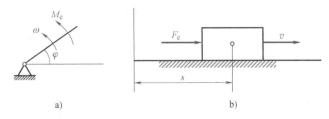

图 11-8 单自由度机械系统的等效动力学模型

等效转化条件：等效构件所具有的动能等于原机械系统的总动能；等效力或力矩产生的瞬时功率等于原机械系统所有外力产生的瞬时功率之和。

由此可以确定出等效转动惯量 J_e（等效质量 m_e）和等效力矩 M_e（等效力 F_e），分别介绍如下。

在具有 n 个活动构件的机械系统中，构件 i 的质量为 m_i，对质心 S_i 的转动惯量为 J_{S_i}，质心 S_i 的速度为 v_{S_i}，构件的角速度为 ω_i，则系统所具有的总动能为

$$E = \sum_{i=1}^{n} \left(\frac{1}{2} m_i v_{S_i}^2 + \frac{1}{2} J_{S_i} \omega_i^2 \right) \tag{11-9}$$

当选取回转构件作为等效构件时，等效构件的动能为

$$E_e = \frac{1}{2} J_e \omega^2 \tag{11-10}$$

根据等效构件所具有的动能等于原机械系统的总动能这一等效条件，可以确定出等效转动惯量 J_e 为

$$J_e = \sum_{i=1}^{n} \left[m_i \left(\frac{v_{S_i}}{\omega} \right)^2 + J_{S_i} \left(\frac{\omega_i}{\omega} \right)^2 \right] \tag{11-11}$$

同理，当选取移动构件作为等效构件时，可得等效质量 m_e 为

$$m_e = \sum_{i=1}^{n} \left[m_i \left(\frac{v_{S_i}}{v} \right)^2 + J_{S_i} \left(\frac{\omega_i}{v} \right)^2 \right] \tag{11-12}$$

因为速比通常是机构位置的函数或为常数，则等效转动惯量和等效质量也是等效构件位置的函数或为常数。

在具有 n 个活动构件的机械系统中，构件 i 受到的外力为 F_i，外力矩为 M_i，力 F_i 作用点上的速度为 v_i，构件 i 的角速度为 ω_i，则系统受到外力所做功的总瞬时功率为

$$P = \sum_{i=1}^{n} \left(F_i v_i \cos\alpha_i \pm M_i \omega_i \right) \tag{11-13}$$

式中，α_i 为力 F_i 与速度 v_i 方向之间的夹角；"$\pm$"号的选取取决于 M_i 与 ω_i 的方向是否相同，二者相同时取"+"，反之取"–"。

当选取回转构件作为等效构件时，等效力矩的瞬时功率为

$$P_e = M_e \omega \tag{11-14}$$

根据等效力矩产生的瞬时功率等于机械系统所有外力和外力矩在同一瞬时产生的功率之和这一等效条件，可以确定出等效力矩为

$$M_e = \sum_{i=1}^{n} F_i \frac{v_i}{\omega} \cos\alpha_i \pm M_i \frac{\omega_i}{\omega} \tag{11-15}$$

同理，当选取移动构件作为等效构件时，可得到等效力为

$$F_e = \sum_{i=1}^{n} F_i \frac{v_i}{v} \cos\alpha_i \pm M_i \frac{\omega_i}{v} \tag{11-16}$$

由此可知，等效力或等效力矩可能是常数，也可能是等效构件位置、速度或时间的函数。

根据以上分析，对一个单自由度机械系统运动的研究，可以简化为对该系统中某一个构件运动的研究。该构件上的转动惯量应等于整个机械系统的等效转动惯量，作用于该构件上的力矩应等于整个机械系统的等效力矩。该构件即为等效构件，由此建立的动力学模型即为原机械系统的等效动力学模型。

3. 机械运动方程式的建立和求解

系统运动方程式的建立是基于系统的动能微增量 dE 等于系统外力所做的微功 dW 这一

力学基本原理，即

$$dE = dW \tag{11-17}$$

对于选取回转构件作为等效构件的情况，由式（11-17）可得

$$d\left(\frac{1}{2}J_e\omega^2\right) = M_e\omega dt = M_e d\varphi = (M_{ed} - M_{er})\varphi \tag{11-18}$$

式中，M_{ed} 和 M_{er} 分别为等效驱动力矩和等效阻力矩，分别表示作用在机械中的所有驱动力和所有阻力的等效力矩。

对于选取移动构件作为等效构件的情况，则有

$$d\left(\frac{1}{2}M_e v^2\right) = F_e ds = (F_{ed} - F_{er})s \tag{11-19}$$

$$\int_{\varphi_1}^{\varphi_2}(M_{ed} - M_{er})\varphi = \frac{1}{2}J_{e2}\omega_2^2 - \frac{1}{2}J_{e1}\omega_1^2 \tag{11-20}$$

式中，J_{e1} 和 J_{e2} 分别对应于 φ_1 和 φ_2。

$$\int_{s_1}^{s_2}(F_{ed} - F_{er})s = \frac{1}{2}m_{e2}v_2^2 - \frac{1}{2}m_{e1}v_1^2 \tag{11-21}$$

微分形式为

$$M_e = M_{ed} - M_{er} = \frac{\omega^2}{2}\frac{dJ_e}{d\varphi} + J_e\frac{d\omega}{dt} \tag{11-22}$$

$$F_e = F_{ed} - F_{er} = \frac{v^2}{2}\frac{dm_e}{ds} + m_e\frac{dv}{dt} \tag{11-23}$$

在实际应用中，可根据不同的问题采用以上不同形式的公式。

例　图 11-9 所示为一简易起重设备。已知重物的重量 G、卷筒直径 D、齿轮 1 的齿数 z_1，齿轮 2 的齿数 z_2，轴 I 的转动惯量 J_1，轴 II 的转动惯量 J_2，重物上升和下降的速度均为 v，要求重物在 3s 内制动。求制动器应提供的最大制动力矩。

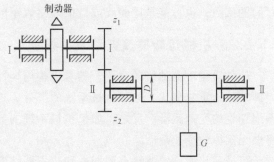

图 11-9　简易起重设备

解　由于制动器安装在轴 I 上，故选取轴 I 作为等效构件。轴 I 为定轴转动构件，可确定其等效转动惯量 J_e 和等效力矩 M_e 为

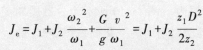
$$J_e = J_1 + J_2\frac{\omega_2^2}{\omega_1} + \frac{G}{g}\frac{v^2}{\omega_1} = J_1 + J_2\frac{z_1}{z_2}\frac{D^2}{2}$$

系统中做功的外力有重物的重力和制动力矩，其中制动力矩无论是在重物上升制动还是下降制动时都与轴 I 的转向相反，而重物重力的方向在重物上升时与重物的速度方向成 $180°$，在重物下降时与重物的速度方向成 $0°$。因此有

上升时的等效力矩

$$M_e = -M_{制} + G\frac{v}{\omega_1}\cos 180° = -M_{制} - G\frac{z_1 D}{2z_2}$$

下降时的等效力矩

$$M'_e = -M'_{制} + G\frac{v}{\omega_1}\cos 0° = -M'_{制} - G\frac{z_1 D}{2z_2}$$

由以上分析可知，该例中的等效转动惯量和等效力矩都是常数。

由于问题是求制动力矩的大小，因此，采用运动方程的微分形式。M_e、J_e 均为常数，重物上升和下降的速度均为 v，重物须在 3s 内制动，则

$$\frac{d\omega}{dt} = \frac{0 - \omega_1}{3} = -\frac{2z_2 v}{3z_1 D}$$

上升时的制动力矩为

$$M_{制} = J_1 + J_2\frac{z_1^2}{z_2} + \frac{G}{g}\frac{z_1 D^2}{2z_2}\frac{2z_2 v}{3z_1 D} - G\frac{z_1 D}{2z_2}$$

下降时的制动力矩为

$$M'_{制} = J_1 + J_2\frac{z_1^2}{z_2} + \frac{G}{g}\frac{z_1 D^2}{2z_2}\frac{2z_2 v}{3z_1 D} + G\frac{z_1 D}{2z_2}$$

在制动器的设计中，应以较大的制动力矩为准进行设计。

上例说明了利用等效动力学模型、系统的运动方程求解系统运动参数的基本方法。由于不同的机械系统是由不同的原动机与执行机构组合而成的，因此等效量可能是位置、速度或时间的函数，也可能是用曲线或数值表格表示的量。

11.2.2 机械运转速度波动及其调节

构件质量不变的机械系统，随着机构周期性地做重复运动，等效转动惯量也按一定的规律周期性地重复变化。如果机械系统的等效力矩的变化也具有周期性，则系统的等效构件将做周期性的变速运动。反之，如果机械系统的等效力矩的变化不具有周期性，则系统的主轴将做无规律的变速运动。

机械系统速度的波动有周期性和非周期性两种情况。

1. 周期性速度波动及其调节

（1）周期性速度波动产生的原因　下面以等效力矩是等效构件转角 φ 的周期性函数的情况为例，分析速度波动产生的原因。图 11-10 所示为一做周期变速运动系统的等效驱动力矩 M_d 和等效阻力矩 M_r 在一个运动周期中的变化曲线图。M_d 曲线正下方与坐标轴间围成的面积大小为等效驱动力矩在一个运动周期中所做的正功；M_r 曲线正上方与坐标轴间围成的面积大小为等效阻力矩在一个运动周期中所做的负功。对应一个运动周期，这两个面积相等，系统所有外力做功之和为零，系统的运动速度不变。但在一个运动周期中的任意时刻，M_d 做的正功与 M_r 做的负功并不一定相等。将 M_r 曲线移到轴的上方，如图 11-10 中虚线所示：在运动区间 $\varphi_0 \sim \varphi_A$ 内，$M_d > M_r$，等效力矩做正功（称为盈功）；在运动区间 $\varphi_A \sim \varphi_B$

内，$M_r > M_d$，等效力矩做负功（称为亏功）。等效力矩做盈功时，等效构件的动能增加，系统做加速运动；等效力矩做亏功时，等效构件的动能减小，系统做减速运动。

为了求出等效力矩在一个运动周期中所做盈、亏功累积的变化情况，以便确定等效构件的速度变化规律，可以通过作功能指示图（图11-11）来确定等效力矩所做的最大盈功和亏功。设在功能指示图中用箭头向上的线段表示盈功，用箭头向下的线段表示亏功，线段的长度表示盈、亏功的值。

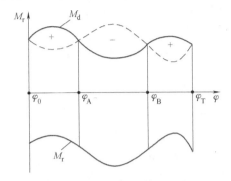

图 11-10　等效驱动力矩和等效
阻力矩的变化曲线图

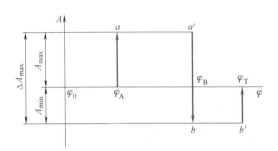

图 11-11　等效驱动力矩和等效
阻力矩的功能指示图

由图可知，在每个运动循环过程中，每段时间间隔内所做的功并不相等，机械系统的速度会发生波动，这种速度波动称为周期性速度波动。

（2）速度波动程度的衡量指标　图11-12所示为在一个周期内等效构件角速度的变化曲线。由图可知，机械速度波动的程度与速度变化的幅度和平均角速度的大小有关。一般综合考虑这两方面的因素，用角速度波动的幅度与平均角速度之比来表示速度波动的程度，称为机械运转速度不均匀系数 δ，其计算公式为

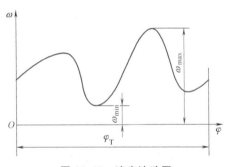

图 11-12　速度波动图

$$\delta = \frac{\omega_{max} - \omega_{min}}{\omega_m} \tag{11-24}$$

不同类型的机械，对速度不均匀系数 δ 大小的要求是不同的。表11-1中列出了一些常用机械速度不均匀系数的许用值 $[\delta]$，供设计时参考。

表 11-1　常用机械速度不均匀系数的许用值 $[\delta]$

机械的名称	$[\delta]$	机械的名称	$[\delta]$
碎石机	1/20～1/5	水泵、鼓风机	1/50～1/30
压力机、剪板机	1/10～1/7	造纸机、织布机	1/50～1/40
轧压机	1/25～1/10	纺纱机	1/100～1/60
汽车、拖拉机	1/60～1/20	直流发电机	1/200～1/100
金属切削机床	1/40～1/30	交流发电机	1/300～1/200

（3）**周期性速度波动的调节方法** 为了减少机械运转时的周期性速度波动，最常用的方法是安装飞轮，即在机械系统中安装一个具有较大转动惯量的盘状零件（飞轮），如图 11-13 所示。由于飞轮的转动惯量很大，当机械出现盈功时，它可以以动能的形式将多余的能量储存起来，从而使主轴角速度上升的幅度减小；反之，当机械出现亏功时，飞轮又可释放出其储存的能量，以弥补能量的不足，从而使主轴角速度下降的幅度减小。从这个意义上讲，飞轮在机械中的作用相当于一个能量储存器。

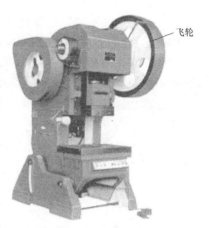

图 11-13 压力机上的飞轮

2. **非周期性速度波动及其调节**

如果机械在运转过程中，等效力矩的变化是非周期性的，则机械的稳定运转状态将遭到破坏，此时出现的速度波动称为非周期性速度波动。

（1）**非周期性速度波动产生的原因** 非周期性速度波动多是由于工作阻力或驱动力在机械运转过程中发生突变，从而使输入能量与输出能量在一段较长时间内失衡所造成的。若不加以调节，它会使系统的转速持续上升或下降，严重时将导致"飞车"或停止运转。电网电压的波动，被加工零件中的气孔和夹渣等都会引起非周期性速度波动。例如，汽轮发电机组因白天工厂用电量多而负载增大，晚上用电量小而负载减小，如果供汽量不变，就会发生非周期性速度波动。

（2）**非周期性速度波动的调节方法** 对于非周期性速度波动，安装飞轮是不能达到调节目的的，这是因为飞轮的作用只是吸收和释放能量，它既不能创造出能量，也不能消耗掉能量。非周期性速度波动的调节问题可分为以下两种情况：

1）当选用电动机作为原动机，原动机发出的驱动力矩是速度的函数且具有下降的趋势时，机械具有自动调节非周期性速度波动的能力。

如图 11-14 所示，当等效驱动力矩小于等效阻力力矩，而使电动机速度下降时，电动机所产生的驱动力矩将自动增大；反之，当因等效驱动力矩大于等效阻力力矩而导致电动机转速上升时，其所产生的驱动力矩将自动减小，以使等效驱动力矩与等效阻力力矩自动地重新达到平衡。电动机的这种性能称为自调性。

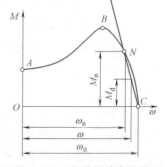

图 11-14 电动机的自调性

2）当机械的原动机为蒸汽机、汽轮机或内燃机等时，就必须安装一种专门的调节装置——调速器，来调节机械出现的非周期性速度波动。调速器的种类很多，按执行机构分类，主要有机械式、气动液压式、电液式和电子式等。

图 11-15 所示为机械离心式调速器的工作原理。支架 1 与发动机轴相连，离心球 2 铰接在支架 1 上，并通过连杆 3 与活塞 4 相连。在稳定运转状态下，由油箱供给的燃油一部分通过增压泵 7 增压后输送到发动机，另一部分多余的油则经过油路 a、调节液压缸 6、油路 b 回到液压泵进口处。当外界条件变化使阻力矩减小时，发动机的转速将增高，离心球 2 将因离心力的增大而向外摆动，通过连杆 3 推动活塞 4 向右移动，使被活塞 4 部分封闭的回油孔间隙增大，因此回油量增大，输送给发动机的油量减小，故发动机的驱动力矩相应地有所下

降，机械又重新归于稳定运转。反之。如果工作阻力增加，则做相反运动，供给发动机的油量增加，从而使发动机又恢复稳定运转。

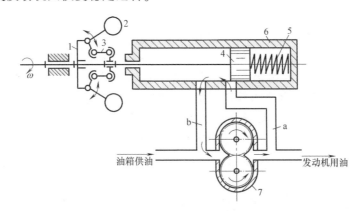

图 11-15　机械离心式调速器工作原理图

1—支架　2—离心球　3—连杆　4—活塞　5—弹簧　6—液压缸　7—增压泵

　　液压调速器产生的离心力并不直接移动柴油机的油量调节机构，所以这种调速器也称间接作用式调速器。液压调速器中具有由控制滑阀和动力活塞组成的液压放大机构，另外，为了提高液压调速器调节过程的稳定性，改善其动态特性，还具有起补偿作用的反馈机构。液压调速器具有广阔的转速调节范围，调节精度和灵敏度高，稳定性好，被广泛地用于船舶等的大中型柴油机中。但其结构复杂，对管理要求高。

　　电子调速器具有很高的静态和动态调节精度，易实现多功能、远距离和自动化控制及多机组同步并联运行。电子调节系统由各类传感器把采集到的各种信号转换成电信号输入计算机，经计算机处理后发出指令，由执行机构完成控制任务。例如，航空电源车、自动化电站、低噪声电站、高精度柴油发电机组和大功率船用柴油机等中就采用了电子调速器。可以说，调速器是一种反馈机构。其他类型的调速器可参阅有关专著。

11.2.3　考虑构件弹性时的机械动力学简介

　　前文中把机构视为一个由刚性构件组成的运动系统，从而用刚体动力学的方法对机构进行研究。但实际上构件本身是具有弹性的，尤其是现代机械日益向速度高、尺寸小、重量轻、承载能力大、精密化的方向发展，且在机械运动过程中，构件除受外载荷外，还将承受很大的惯性力，因而构件可能会产生过大的变形，并易发生振动。特别是在接近共振时，将会使机械的实际运动情况和理想运动情况有相当大的差别。这将降低机械工作的准确性，甚至会引起各执行构件间运动配合的失调，使机械不能正常工作。

　　例如，工业机械手在高速运转时，由动载荷引起的构件的弹性变形和振动，必将降低机械手在工作时的准确性，甚至会导致各运动构件间运动配合失调，使机械手不能正常工作。又如，机器中常有起动、停车等速度变化的运动过程，有些机构常常在不等速条件下运动（如间歇运动机构），速度的剧烈变化必然造成构件上动载荷的增大。如果此时弹性构件正好在共振状态下工作，则会使其产生很大的变形和应力，从而可能造成构件损坏。因此，当自动化程度高，对机械有高速、轻重量、低能耗等要求时，不仅要对机械的一般运动学和动力学问题进行研究，还要研究机构在计及构件弹性时受惯性载荷作用时的实际运动，分析其动态运动精度，研究其振动特点和动载荷的变化规律等动力学问题。从而可以进一步考虑如何在保证机构运动精度的前提下，尽可能减轻构件的重量，对机构进行最优化设计。

考虑构件弹性时的机械动力学分析过程如下。

1. 建立弹性动力学模型

以图 11-16a 所示的凸轮机构为例。如果考虑从动件的弹性变形，忽略轴的变形，则可将从动件与弹簧所组成的组件简化成具有从动件质量 m 的质量块和连接在质量块两端的弹簧，如图 11-16b 所示。如果还考虑轴的变形，则因凸轮轴受到较大的径向力，轴的弯曲变形也对从动件的运动有影响，所以除了轴的扭转变形外，还要考虑轴的弯曲变形，这样就可将轴转化成有一个扭转弹簧的简支架，凸轮等轴上的传动零件被视为具有一定转动惯量的集中质量，系统的力学模型如图 11-16c 所示。

一般来说，动力模型中增加一个弹性元件就增加一个自由度。显然，图 11-16c 所示模型比图 11-16b 所示模型要复杂得多。究竟采用哪一种模型进行分析，要根据研究的问题和要求的精度而定。

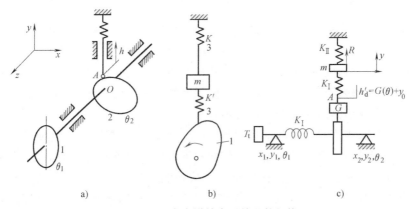

图 11-16　考虑弹性变形的凸轮机构

2. 常用的建立运动方程的方法

建立运动方程的方法很多，常用的简单方法有动静法和拉格朗日方程法。除此之外，还可应用根据拉格朗日乘子和哈密顿原理等形成的其他方法。

考虑构件的弹性进行机构的运动、动力分析和设计，是随着机械工业向着高速、高精度方向发展而出现的机械学的新分支问题。本章只是对这个问题做一简单介绍，更深入地研究可参考有关的专题资料和文献。

 习题与思考题

11-1　为什么要对回转构件进行平衡？

11-2　对于做往复移动或平面运动的构件，为什么不能就构件本身对其惯性力加以平衡？

11-3　在为庆祝足球比赛胜利做准备的时候，一位同学提出了制造一个表示胜利的巨型英文字母"V",并使其做往复摆动的创意。现已经确定了"V"的尺寸和制作材料。请确定"V"应该绕哪一点摆动才能消除惯性力的影响。如果"V"绕顶点摆动,应当如何平衡其惯性力?

11-4 一般机器在运转过程中有哪几个阶段?哪些机器在运转过程中没有明显的稳定运转阶段?

11-5 在研究机械系统的动力学问题时,为什么要引入等效构件、等效力矩、等效转动惯量等?

11-6 在图 11-17 所示的盘形转子中,有 4 个不平衡质量,它们的大小及质心到回转轴的距离分别为 $m_1 = 10\text{kg}$,$r_1 = 100\text{mm}$;$m_2 = 8\text{kg}$,$r_2 = 200\text{mm}$;$m_3 = 7\text{kg}$,$r_3 = 200\text{mm}$;$m_4 = 5\text{kg}$,$r_4 = 100\text{mm}$。试对该转子进行平衡设计。

11-7 在什么情况下机械才会做周期性速度波动?速度波动有何危害?如何调节?

11-8 飞轮为什么可以调速?能否利用飞轮来调节非周期性速度波动?为什么?

11-9 为什么说在锻压设备中安装飞轮可以起到节能的作用?

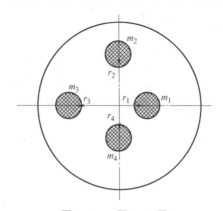

图 11-17 题 11-6 图

第 12 章

机械系统方案设计

12.1 机械系统的设计过程和方案设计

12.1.1 机械系统的设计过程

机械帮助人们完成各种任务，创造和创新机械的过程也是机械的设计过程，机械系统的设计过程是一项复杂的创造性思维活动过程。设计的工作过程通常没有固定的模式，但设计还是应该遵循一个大致的流程。图 12-1 所示为适用于一般工程或产品的大致设计流程。

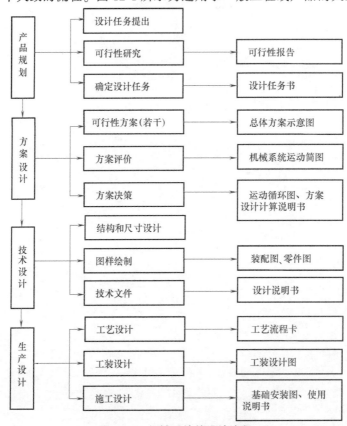

图 12-1　机械系统的设计流程

图 12-1 介绍了设计阶段所包含的流程。然而如图所示的直线式设计流程在实际设计过程中几乎是不存在的。设计应是一个需要在各环节不断改进、反复循环的过程，各个阶段紧密联系、前后呼应，特别是在机械系统的方案设计阶段，更需要设计人员善于运用相关知识和实践经验，认真总结国内外广泛的信息，同时充分发挥创造性思维和想象力，灵活应用各种设计方法和技巧，以设计出新颖、巧妙、高效的机械系统。

12.1.2　机械系统的方案设计步骤

机械系统设计的每个阶段结果的正确性、合理性、经济性，对提高机械系统的性能和质量、降低制造成本与维护费用等影响很大。本章着重讨论机械系统设计的第二个阶段，即机械系统的方案设计。

机械系统的方案设计是指，对从原动机到传动系统再到执行系统这样一个最基本的机械系统进行的整体设计过程。设计的结果是完成一张满足性能要求的运动简图。方案设计的目的：根据产品规划阶段所确定的设计任务，运用现代设计思想与方法，全面考虑产品全生命周期各阶段的具体要求，通过目标分析、创新构思、方案拟订、方案评价与方案决策，使所设计产品功能齐全、性能先进、质量优良、成本低廉、经济效益显著，同时又易于制造，能迅速占领市场，提高市场竞争力和生命力。

机械系统的方案设计一般按照以下步骤进行：

1）执行系统的方案设计。机械执行系统是不同机械之间具有明显区别的核心部分，是设计思想的重要体现。执行系统的方案设计主要包括机械工作原理的拟订、运动规律设计及工艺参数的确定、机构的选型和构型、执行机构的运动协调设计、执行系统的方案评价与决策。

2）原动机的选择。

3）传动系统的方案设计。主要包括传动类型和传动路线的选择，以及传动链中各级传动比的分配。

4）控制系统及其他辅助系统的设计。

上述第 4 步内容不在本章讨论范围内。下面将对前 3 步内容进行介绍。

🔑 12.2　执行系统的方案设计

12.2.1　机械工作原理的拟订

根据机械产品所要达到的某种功能要求，拟订与实现该功能有关的工作原理和技术手段，是设计出新颖、巧妙而高效的机械系统的关键，也是创造新机械的出发点和归宿。

实现同一种功能要求，可以采用不同的工作原理。例如，螺栓的螺纹可以车削、套丝，也可以搓丝。由此可考虑以下 5 种方案（图 12-2），图 12-2a 所示为车削加工，图 12-2b 所示为铣削加工，图 12-2c、d、e 所示为利用滚压加工进行的搓丝加工。设计者应根据使用条件，即从螺纹加工的强度、批量、成本等方面选订合适的工作原理。

即使采用同一种工作原理，也可以拟订几种不同的工艺动作及运动方案。例如，在滚齿机上用滚刀切制齿轮和在插齿机上用插刀切制齿轮虽同属范成加工原理，但由于所用的刀具不同，两者的机械运动方案也就不一样。

在拟订机械工作原理时，思路要开阔，不要局限于某一领域，要拓展到机、电、光、气、液各相关领域，要利用发散思维，考虑可完成功能要求的各种可能性，能用最简单的方法实现功能要求的方案一般才是最佳方案。

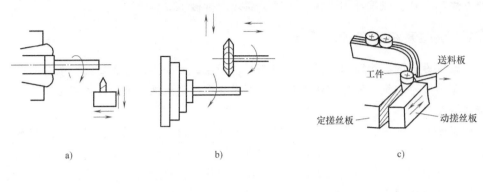

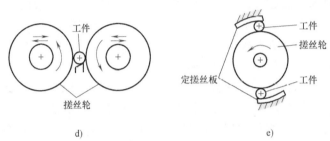

图 12-2　螺纹加工工作原理

12.2.2　运动规律设计及工艺参数的确定

机械工作原理确定后，可设计执行构件的工艺动作及完成工艺动作的执行机构的运动规律。若要实现一个复杂的工艺过程，其运动规律一般也比较复杂，通常是把执行构件所要完成的复杂运动分解为机构易于实现的若干个基本动作。

例如，要设计一台加工平面或成形表面的机床，可以选择刀具与工件之间相对往复移动的工作原理。为了确定该机床的运动方案，需要依据其工作原理对工艺过程进行分解。一种分解方法是让刀具做纵向往复移动，工件做间歇的横向送进运动，即刀具在工作行程中工件静止不动，而刀具在空回行程中工件做横向送进，工艺动作采用这种分解方法就得到了牛头刨床的运动方案，它适合加工中、小尺寸的工件。工艺过程的另一种分解方法是让工件做纵向往复移动，刀具做间歇的横向送进运动，即切削时刀具静止不动，而不切削时刀具做横向进给。工艺动作采用这种分解方法就得到了龙门刨床的运动方案，它适合加工大尺寸的工件。

设计运动规律与确定执行构件的工艺参数是同步进行的。工艺参数包括运动参数和力参数。运动参数包括运动形式（直线运动、回转运动、曲线运动）、运动特点（连续式、间歇式、往复式）、运动范围（极限尺寸、转角、位移）、运动速度（等速、变速）等。表 12-1 列举了一些机构所能实现的运动规律及其运动形式变化。

表 12-1 一些机构所能实现的运动规律及其运动形式变化

运动形式变化			基本机构	其他机构
原动运动	从动运动			
连续回转	变向	平行轴 同向	圆柱齿轮机构(内啮合) 带传动机构 链传动机构	双曲柄机构 回转导杆机构
		平行轴 反向	圆柱齿轮机构(外啮合)	圆柱摩擦轮机构 交叉带(或绳、线)传动机构 反平行四边形机构(两长杆交叉)
		相交轴	锥齿轮机构	圆锥摩擦轮机构
		交错轴	蜗杆机构 交错轴斜齿轮机构	双曲柱面摩擦轮机构 半交叉带(或绳、线)传动机构
	变速	减速 增速	齿轮机构 蜗杆机构 带传动机构 链传动机构	摩擦轮机构 绳、线传动机构
		变速	齿轮机构 无级变速机构	塔轮带传动机构 塔轮链传动机构
	间歇回转		槽轮机构	非完全齿轮机构
	摆动	无急回性质	摆动从动件凸轮机构	曲柄摇杆机构 (行程传动比系数 $K=1$)
		有急回性质	曲柄摇杆机构 摆动导杆机构	摆动从动件凸轮机构
	移动	连续移动	螺旋机构 齿轮齿条机构	带、绳、线及链传动 机构中的挠性件
		往复移动 无急回性质	对心曲柄滑块机构 移动从动件凸轮机构	正弦机构 不完全齿轮(上下)齿条机构
		往复移动 有急回性质	偏置曲柄滑块机构 移动从动件凸轮机构	—
		间歇移动	不完全齿轮齿条机构	移动从动件凸轮机构
	平面复杂运动 特定运动轨迹		连杆机构(连杆运动) 连杆上特定点的运动轨迹	—
摆动	摆动		双摇杆机构	摩擦轮机构 齿轮机构
	移动		摆杆滑块机构 摇块机构	齿轮齿条机构
	间歇回转		棘轮机构	

12.2.3　机构的选型

所谓机构的选型是指利用发散思维的方法，将前人创造发明的各种机构按照运动特性或可实现的功能进行分类，然后根据原理方案确定的运动规律进行搜索、比较和选择，选出合适的机构形式。

机构选型一般先按执行构件的运动形式要求选择机构，同时还应考虑机构的特点和原动机的形式。例如，原动机为电动机且其输出轴为转动形式，经过机械传动系统速度变化后，执行机构原动件的运动形式仍为转动，为了完成工作原理的分功能，执行机构中执行构件的运动形式可能为匀速转动、非匀速转动、往复移动、往复摆动、简谐运动等。表 12-2 列出了当原动件的运动形式为转动时，各种执行构件的运动形式、机构类型及应用举例，供机构选型时参考。

表 12-2　执行构件运动形式、机构类型及应用举例

执行构件运动形式	机构类型	应用实例
匀速转动	平行四边形机构 双转块机构 齿轮机构 摆线针轮机构 谐波传动机构 周转轮系 摩擦轮机构	机车车轮联动机构、联轴器 联轴器 减速、增速、变速装置 减速、增速、变速装置 减速装置 减速、增速、运动合成与分解装置 无级变速装置
非匀速转动	双曲柄机构 转动导杆机构 滑块曲柄机构 非圆齿轮机构	惯性振动筛 小型刨床 内燃机 自动化仪表、解算装置、印刷机械等
往复移动	曲柄滑块机构 转动导杆机构 齿轮齿条机构 移动凸轮机构 楔块机构 螺旋机构	锻压机、压力机 缝纫机挑针机构、手压抽水机 印刷机构 配气机构 压力机、夹紧机构 千斤顶、车床传动机构
往复摆动	曲柄摇杆机构 滑块摇杆机构 摆动导杆机构 曲柄滑块机构 摆动凸轮机构 齿条齿轮机构	破碎机 车门启闭机构 牛头刨床 装卸机构 印刷机构 机床进刀机构
间歇运动	棘轮机构 槽轮机构 凸轮机构 不完全齿轮机构	机床进给、转位、分度等 转位装置、电影放映机 分度装置、移动工作台 间歇回转、移动工作台
特定运动轨迹	铰链四杆机构 双滑块机构 行星轮系	鹤式起重机、搅拌机构 椭圆仪 研磨机构、搅拌机构

实现同一功能或运动形式要求的机构可能有多种类型，选型时应尽可能搜索到现有的各种机构，以便选出最优方案。例如，牛头刨床刨刀机构的选型，刨刀的运动为连续的往复移动，能够实现连续往复移动的机构很多，如曲柄滑块机构、转动导杆机构、正弦机构、移动凸轮机构、齿轮齿条机构、螺旋机构、凸轮—连杆组合机构、齿轮—连杆组合机构等；同时还应考虑既要保证切削质量，又要提高生产率，即应保证牛头刨床的执行构件具有急回特

性。表 12-3 列出了牛头刨床实现刨刀急回特性的 9 种可能解，通过对这些方案进行分析、评价，可最终选出最优方案。

表 12-3　牛头刨床实现刨刀急回特性的可能解

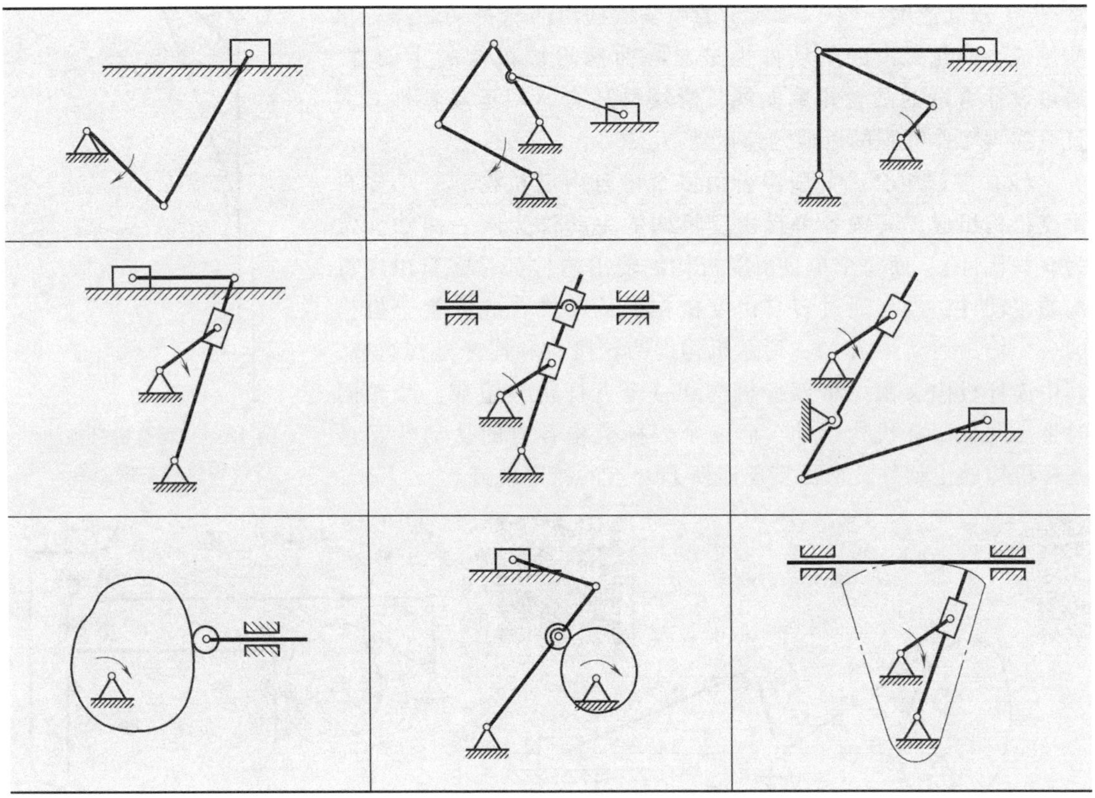

12.2.4　机构的构型

当初步选出的机构形式不能满足预期的功能要求，或能满足功能要求但存在结构复杂、运动精度低、动力性能欠佳等缺点时，可以采用机构构型的方法重新构筑机构形式。其基本思路是以通过选型初步确定的机构方案为雏形，通过组合、变异、再生等方法进行突破，获得新的机构。机构的构型方法很多，本章介绍组合原理和变异这两种方法。

1. 利用组合原理构型新的机构

用简单的连杆、齿轮、凸轮、槽轮等机构常常难以满足现代机器更高的运动规律和动力特性等方面的要求，故可采用组合原理将若干种基本机构进行组合，充分利用各种机构的良好性能并改善其不足，从而创造出可以满足特定的方案要求、运动和动力特性的新复合机构。

根据组合原理组合而成的新机构既可以是同类机构的组合，如两个及以上连杆机构组合成新的多杆机构；也可以是不同类机构的组合，如齿轮机构与连杆机构组合、凸轮机构与连杆机构组合、齿轮机构与凸轮机构组合等。机构组合常见的方式有串联组合、并联组合、复合式组合等。以下举几个例子来说明组合原理及方法。

（1）串联组合　由至少两个基本机构顺序连接而成，且前一个机构的输出构件也是后一个机构的输入构件，这种组合方式称为串联组合。图12-3所示的串联机构由双曲柄机构和六杆机构组成，该机构应用于某些压力机设计时，可实现滑块工作行程的较低速度。图12-4所示的串联机构由凸轮机构和连杆机构组成，凸轮机构的从动件也是对心曲柄滑块机构的主动件，通过设计合适的凸轮轮廓曲线，滑块可具有急回运动特性，而且可实现工作行程的近似匀速运动。

（2）并联组合 并联组合由多个单自由度机构和一个多自由度机构组成，其中各单自由度机构的主动件为同一构件（常为双联构件），而每个单自由度机构的输出构件都是多自由度机构的主动件，最终通过多自由度机构的从动件合成为整个机构的一个输出运动。图12-5所示机构由凸轮机构和连杆机构组成，其中连杆机构又由两个四杆机构和一个五杆机构组成，凸轮同时带动两个四杆机构运动，而两个四杆机构各自的从动件又是五杆机构的主动件，从而实现连杆上 P 点的特定轨迹。

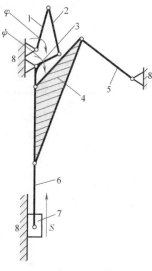

图 12-3 双曲柄机构和六杆机构串联组合

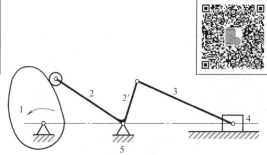

图 12-4 凸轮机构和连杆机构串联组合

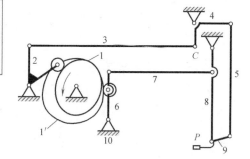

图 12-5 并联组合方式

（3）复合式组合 复合式组合一般由一个单自由度机构和一个二自由度机构组成，两个机构共用同一个原动件（双联构件），且单自由度机构的从动件同时又是二自由度机构的另一个原动件，最终通过二自由度机构的从动件合成为整个机构的一个输出运动。图12-6所示（杆1和凸轮1′为双联构件）机构由凸轮机构和五杆机构组成，凸轮和曲柄为

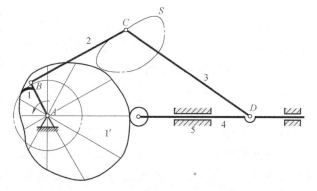

图 12-6 凸轮机构和五杆机构复合式组合

同一个构件，五杆机构的另一个原动件也是凸轮机构的从动件。该机构能够实现连杆上的 C 点沿特定轨迹运动的目的。图12-7所示机构由齿轮机构和五杆机构的组成，由于从动齿轮给五杆机构增加了一个约束，整个机构的自由度为1，而且可以得到极其丰富的连杆运动曲线。

2. 利用机构的变异构型新的机构

机构的变异构型是，为了满足机械一定的运动和动力要求，或为使机构具有某些特殊性能，通过改变机构的结构以演变发展出新机构的设计。机构变异构型的方法很多，以下介绍几种常用的方法。

（1）机构的倒置 机构内的活动构件与机架相互转换，称为机构的倒置。机构倒置后各构件的尺寸不发生改变，各构件间的相对运动关系也不变，但各构件的运动形式将发生变化，从而得到特性不同的新机构。在连杆机构、轮系中都曾介绍过机构倒置的典型实例。例如，铰链四杆机构在满足曲柄存在的条件下，选择不同构件作为机架，可以分别得到曲柄摇杆机构、双曲柄机构和双摇杆机构。又如，将定轴圆柱内啮合齿轮机构中的内齿轮选为机架，可以得到行星齿轮机构。

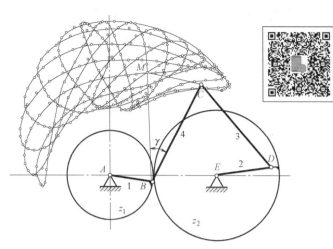

图 12-7 齿轮机构和五杆机构复合式组合

图 12-8a 所示为卡当机构。若令杆 OO_1 为机架，则原机构的机架为转子 1（图 12-8b），曲柄每转动一周，转子 1 也同步转动一周，同时两滑块 2、3 在转子 1 的十字槽内往复移动。若将流体从入口 A 送往出口 B，可得到一种新型泵机构。

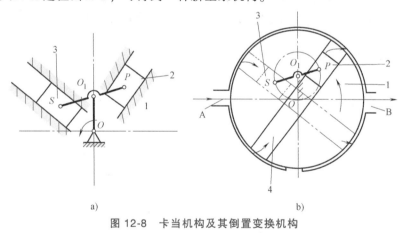

a)   b)

图 12-8 卡当机构及其倒置变换机构

1—转子   2、3、4—滑块

（2）机构的扩展 以原有机构为基础，增加新的构件而构成一个新机构，称为机构扩展。机构扩展后，原有各构件间的相对运动关系不变，但所构成的新机构的某些性能与原机构有很大的差别。

图 12-9 所示机构是由图 12-8a 所示的卡当机构扩展得到的。因为两导轨互成直角，故点 O_1 与线段 PS 的中点重合，且 PS 中点至中心 O 的距离 r 恒为 $PS/2$。由于这一特殊的几何关系，曲柄 OO_1 与构件 PS 所构成的转动副 O_1 的约束为虚约束，于是曲柄 OO_1 可以省略。若改变图 12-8a 所示机构的机架，令十字槽 1 为主动件，并使它绕固定铰链中心 O 转动，连杆 4 延伸到点 W，驱动滑块 5 往复运动，则可得到图 12-8b 所示的机构。它是在卡当机构的基础上，增加滑块 4 扩展得到的。此机构的主要特点是，机构的十字槽每转 1/4 周，点 O_1 在半径为 r 的圆周上转过 1/2 周，如图 12-9a、b 所示；十字槽每转动 1 周，点 O_1 转过 2 周，

滑块输出两次往复行程。

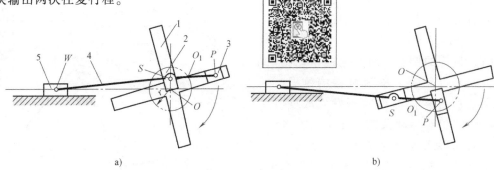

图 12-9　机构扩展实例

1—十字槽　2、3、5—滑块　4—连杆

（3）改变机构的局部结构　通过改变机构的局部结构，可以获得具有特殊运动特性的机构。常用的一种方法是，用一个自由度为 1 的机构或构件组合置换原机构的自由度为 1 的主动件。

如图 12-10 所示，将导杆机构的导杆做成图示含一段圆弧槽的形状，且圆弧半径等于曲柄 1 的长度，圆心在 O_1 处，可使普通的摆动导杆机构实现有停歇的运动性能。如图 12-11 所示，以倒置后的凸轮机构取代曲柄滑块机构的曲柄，凸轮 5 的沟槽有一段凹圆弧，其半径等于连杆 3 的长度，主动杆 1 在转过 α 角的过程中，滑块 4 可实现停歇状态。

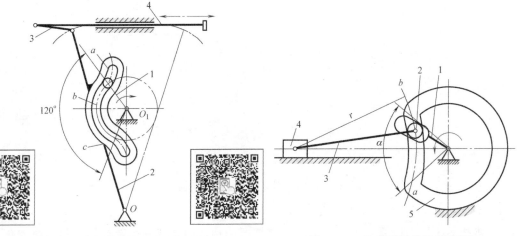

图 12-10　有停歇性能的导杆机构

1—曲柄　2—摆杆　3—连杆　4—导杆

图 12-11　有停歇性能的滑块机构

1—曲柄　2、4—滑块　3—连杆　5—凸轮

（4）机构结构的移植　将一机构中的某种结构应用于另一种机构中的设计方法，称为结构的移植。要有效地利用结构的移植构型出新的机构，必须注意掌握一些机构的共同点，并在不同条件下灵活运用。例如，齿轮演变为齿条时，齿廓啮合原理是二者的共同点，掌握了这一共同点，可以开拓直线移动机构的设计途径。

图 12-12 所示为不完全齿轮齿条机构，可视其为由不完全齿轮机构移植变异而成。当主动齿条做往复直线移动时，不完全齿轮 2 在摆动的中间位置有停歇。图 12-13 所示机构中的构件 2 可视为将槽轮展直而成，主动件 1 连续转动时，从动件 2 做间歇直线移动。

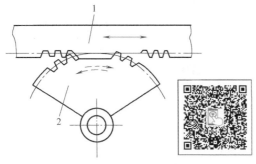

图 12-12　不完全齿轮齿条机构

1—齿条　2—不完全齿轮

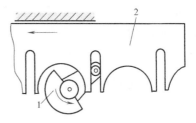

图 12-13　槽轮展直得到的机构

1—主动件　2—从动件

（5）运动副的变异　改变机构中运动副的形式可构型出具有不同运动性能的机构，运动副的常用变换方式有高副与低副之间的变换（高副低代）、运动副尺寸的变换和运动副类型的变换等。

图 12-14 所示为运动副尺寸变化和类型变换实例。铰链四杆机构（图 12-14a）通过运动

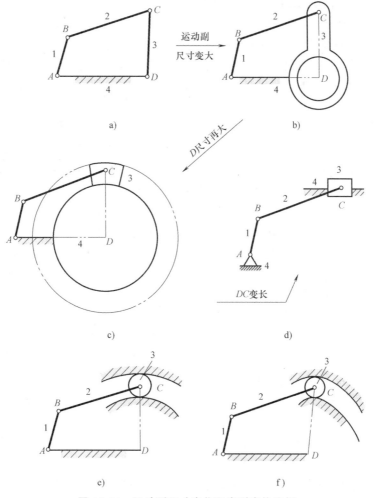

图 12-14　运动副尺寸变化和类型变换实例

副 D 尺寸的变化（图 12-14b）并截割成图 12-14c 所示的滑块形状，然后再使构件 3 的尺寸变长，即 CD 变长，则圆弧槽的半径也随之增大，当 CD 趋于无穷大时，圆弧槽演变为直槽（图 12-14d）。若图 12-14c 中的构件 3 改成滚子，它与弧槽形成滚滑副（图 12-14e），则构件 2 的运动与图 12-14a、c 所示机构的运动相同。若将圆弧槽变为曲线槽（图 12-14f），形成以凸轮为机架的凸轮机构，则构件 2 将得到更为复杂的运动。

12.2.5 执行机构的运动协调设计

1. 各执行构件的运动协调关系

在某些机械中，各执行构件间的运动是彼此独立的，不需要协调配合。例如，在外圆磨床中，砂轮和工件都做连续回转运动，同时工件还做纵向往复移动，砂轮架带着砂轮做横向进给运动，这几个运动无严格的协调配合要求。在这种情况下，可分别为每一种运动设计一个独立的运动链，并由单独的原动机驱动。

而在另外一些机械中，则要求各执行构件的运动动作或运动速度必须准确地协调配合，这样才能保证其工作的顺利完成。例如，牛头刨床的工作台带动工件横向进给必须发生在刨刀返回原始位置等待下一次刨削之前，否则二者工作时将发生干涉。

2. 机械的运动循环图

对于有运动协调配合要求的执行构件，若采用一个原动机，通过运动链将运动分配到各执行构件上去，借助机械传动系统实现运动的协调配合，则这种协调称为执行构件间时序的协调。通过编制运动循环图（也称为工作循环图）可保证执行构件间时序的协调。

运动循环图是表明机械在一个工作循环中各执行构件间运动配合关系的图样。在编制运动循环图时，要从机械中选择一个构件作为定标件，用它的运动位置（转角或位移）作为确定其他执行构件先后运动顺序的基准。工作循环图通常有三种形式：直线式、圆周式及直角坐标式。采用直线式运动循环图，在机械的执行构件较少时，动作时序清晰明了；圆周式运动循环图容易清楚地看出各执行构件的运动，以及机械原动件或定标件的相位关系；直角坐标式运动循环图是用执行机构的位移线图表示其运动时序的。实际上，为了表示机械中各执行构件的运动时序，还有其他方法，如以线段代替直线式和圆周式运动循环图中的文字等。只要能够更清楚地表示出所要求的运动时序关系，可以自己去创造运动循环图。可以对包含多执行构件的复杂机械的运动循环图进行拆分（不同执行构件分别组合），也可以采用多种形式来表示。

图 12-15 所示为牛头刨床的三种运动循环图：直线式运动循环图、圆周式运动循环图及直角坐标式运动循环图。它们都是以曲柄导杆中的曲柄为定标件的。曲柄回转一周为一个运动循环。由图 12-15a 可知，工作台的横向进给是在刨头空回行程开始一段时间以后开始，在空回行程结束以前完成的。这种安排考虑了刨刀与移动工件不发生干涉，也考虑了设计中机构容易实现这一时序的运动。

在机械运动方案设计中，通常需要不断对运动循环图进行修改。运动循环图标志着机械动作节奏的快慢。一部复杂的机械由于动作节拍相当多，因此对时间的要求相当严格，这就不得不使某些执行机构的动作同时发生，但又不能在空间中发生干涉，所以这期间就存在着反复调整与反复设计的过程。修改后的运动循环图会大大提高机械的生产率。

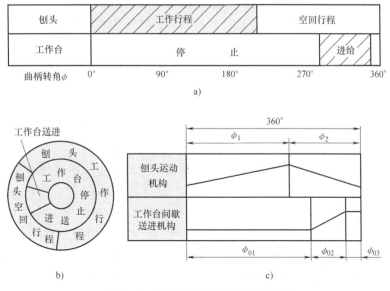

图 12-15　牛头刨床的三种运动循环图

a）直线式　b）圆周式　c）直角坐标式

在同一部机器，如自动机械中，运动循环图是传动系统设计的重要依据；在较复杂的自动机械和多部机器参与工作的自动线上，运动循环图又是电控设计的重要依据。因此，运动循环图的设计在机械运动方案设计中十分重要。

12.3　原动机的选择

设计机械系统时，原动机的选择在很大程度上决定着机械系统的工作性能和结构特征。由于许多原动机已经标准化，通常原动机不需要进行设计，只是要求设计者根据机械系统的功能和动力要求来选择标准的原动机。选择原动机的基本要求是，原动机输出的力（或力矩）及运动规律（线速度、转速）通过机械传动系统满足或直接满足机械系统负载和运动的要求，原动机的输出功率与工作机对功率的要求相适应，最终达到原动机、传动装置和工作机在机械特性上相协调，使工作机处于最佳工作状态的目的。

选择原动机时，主要考虑机械系统的负载特性，工作机的工作制度，原动机的类型、转速和容量等方面的问题。

（1）机械系统的负载特性　机械系统的负载由工作负载和非工作负载组成。工作负载可根据机械系统的功能由执行机构或构件的运动受力情况确定；非工作负载是指机械系统所有的消耗，可用效率加以考虑。另外，非工作负载还包括辅助装置的消耗，如润滑系统、冷却系统的消耗等。

（2）工作机的工作制度　工作机的工作制度是指工作负载随执行系统的工艺要求而变化的规律，包括长期工作制、短期工作制和断续工作制，常用载荷—时间曲线表示。有恒载或变载、断续或连续运行、长期或短期等形式。

（3）原动机类型　从动力源上对原动机进行分类，主要包括电、液、气三类。最常用是电动机，它又包括交流异步电动机、直流电动机、交流伺服电动机、直流伺服电动机及步进电动机等；液压原动机包括液压马达、液压缸等；气动原动机包括气马达、气缸等。此外，有时也用重锤、发条、电磁铁等做原动机。还可根据原动机的运动形式分类，其运动形式主要有回转运动、往复摆动和往复直线运动等。当采用电动机、液压马达、气马达和内燃机作为原动机时，可获得回转运动；液压马达和气马达也可做往复摆动；液压缸、气缸和直线电动机等可做往复直线运动。

（4）原动机转速　通常，原动机转速范围可由工作机所需转速乘以传动系统中各级传动装置的常用传动比之积得到。

（5）原动机容量　原动机的容量通常用功率表示，其额定功率可通过工作机的负载功率（或转矩）和工作制来确定。

综上所述，机械系统中使用最广的是交流异步电动机，其价格低、功率范围宽、具备自调性，机械特性能满足多数机械设备的需要。它的同步转速有 3000r/min、1500r/min、1000r/min、750r/min、600r/min 等。在输出功率相同的情况下，电动机的转速越高，其尺寸和质量也越小，价格越低。但当工作机的速度很低时，若选用高速电动机，势必会增大中间传动系统的总传动比，有时反而可能增加系统总成本。因此，要求设计者综合考虑各方面成本和性能要求，做出最佳选择。

12.4　传动系统的方案设计

机器中的原动机和工作机通常不会直接连接起来，往往需要在二者之间加入传递动力或改变运动状态的传动装置。因此，执行系统方案设计和原动机的选择完成后，一般要进行传动系统的方案设计。传动系统方案设计将在"机械设计"和"机械设计课程设计"等课程中详细讲述，本章仅对其设计步骤简述如下。

1. 确定传动系统的总传动比

以原动机的输出运动和工作机的输入运动均为回转运动为例，传动系统的总传动比可根据原动机的输出转速 n_y 和工作机的输入转速 n_g 之比计算得到，即

$$i = \frac{n_y}{n_g}$$

2. 选择传动类型

仍以原动机的输出运动和工作机的输入运动均为回转运动为例，机械传动系统中常用的传动类型包括带传动（如普通 V 带、窄 V 带、平带、同步带、钢带等）、链传动、摩擦轮传动、普通齿轮传动（如直齿圆柱齿轮、斜齿圆柱齿轮、锥齿轮等）、蜗杆传动、行星齿轮传动等。选择传动类型时，应综合考虑各方面要求并结合各种传动类型的特点和适用范围加以分析，尽量做到结构简单紧凑、便于操作、安全可靠、维修性好、可制造性好、成本低等。

3. 拟订总体布置方案

在由多级传动组成的传动链中，必须合理安排和布置传动顺序。通常需要考虑以下几点：

1）带传动的承载能力较低，在传递系统转矩时，结构尺寸较其他传动方式（如齿轮传

动、链传动）大，但带传动的传动平稳，能吸振缓冲，此外考虑到应尽可能减小带传动尺寸，一般将其放在传动系统的高速级。

2）滚子链传动运转不平稳，链速不均匀，振动冲击大，宜布置在传动系统的低速级。

3）在圆柱齿轮传动中，斜齿轮传动较直齿轮传动允许的圆周速度更高、平稳性好，因此，斜齿轮传动与直齿轮传动相比，应放在高速级；大直径锥齿轮加工困难，考虑到高速级轴的转速高且转矩小，为防止锥齿轮尺寸过大，应将锥齿轮放在高速级。

4）当蜗杆传动和齿轮传动串联使用时，应根据使用要求和蜗轮材料等选择不同布置顺序。当传动链以传递动力为主时，应尽可能提高其传动效率，此时若蜗轮材料为锡青铜，则允许齿面有较高的相对滑动速度，因此将蜗杆传动放在高速级；当蜗轮材料为无锡青铜或其他材料时，为防止齿面胶合或严重磨损，蜗杆传动应放在低速级。

5）对于改变运动形式的传动或机构，如齿轮齿条传动、螺旋传动、连杆机构、凸轮机构等，一般将其布置在末端或低速级，使其与执行机构靠近，以简化传动链和减小传动系统的惯性冲击。

4. 合理分配各级传动的传动比

合理地分配各级传动比，将直接影响到传动装置的结构布局、外廓尺寸、传动性能、传动件质量和寿命以及润滑条件等，而最为首要的是，应保证各级传动比在常用的合理范围之内，以符合各种传动形式的工作特点，并使结构比较紧凑。常用机械传动的传动比、功率等的范围见表12-4。

表 12-4　常用机械传动的传动比、功率、效率和速度

传动类型		单级传动比 i		功率 P/kW		效率 η	速度 $v/(m/s)$
		常用值	最大值	常用值	最大值		
带传动	平带	≤3	5	≤20	3500	0.94～0.98	一般≤30，最大 120
	V 带	≤8	15	≤40	4000	0.9～0.94	一般为 25～30，最大 40
	同步带	≤10	20	≤10	400	0.96～0.98	一般≤50，最大 100
链传动		≤8	15（齿形链）	≤100	4000	闭式：0.95～0.98 开式：0.90～0.93	一般≤20，最大 40
齿轮传动	圆柱齿轮	≤5	10	—	50000	闭式：0.96～0.99 开式：0.94～0.96	与精度等级有关，7 级精度时：直齿≤20；斜齿≤25
	锥齿轮	≤3	8	—	1000	闭式：0.94～0.98 开式：0.92～0.95	与精度等级有关，7 级精度时：直齿≤8
蜗杆传动		≤40	80	≤50	800	闭式：0.7～0.92 开式：0.5～0.7 自锁式：0.3～0.45	一般 v_s≤15，最大 35

5. 计算传动系统的性能参数

计算传动系统性能参数的主要任务是，计算各级传动的各项运动学和动力学参数，包括各级传动的功率、转速、效率、转矩等，从而为各级传动机构的结构设计、强度计算和传动系统方案评价提供依据。

6. 确定各级传动的基本参数和主要几何尺寸

通过强度设计和计算，确定各级传动的基本参数和主要几何尺寸，如齿轮传动的齿数、

模数、齿宽、中心距等。这些内容将在"机械设计"课程中具体展开。

最后需要指出的是，在现代机械设计中，随着各种新技术的应用，机械传动系统不断简化将成为趋势。例如，利用伺服电动机、步进电动机、微型低速电动机以及电动机调频技术等，在一定条件下可简化或完全替代机械传动系统。此外，随着微电子技术和信息处理技术的不断发展，对机械自动化和智能化的要求越来越高，单纯的机械传动有时已经不能满足要求，因此应注意机、电、液、气传动的结合，充分发挥各种技术的优势，使设计方案更加合理和完善。

12.5 系统方案评价与决策

由于实现同一机械功能可采取不同的工作原理，而同一工作原理又可以有许多不同的实施方案，最终将会得到许多种机械系统设计方案。因此，设计者需要对各种方案进行分析、比较、评价和决策，以便从中选出最令人满意的方案。

12.5.1 系统方案设计的评价指标

评价指标通常应涵盖技术、经济、安全性和可靠性等内容。一般来说，机械系统的评价指标主要包括6个方面，见表12-5。

表12-5 某机械系统运动方案的评价体系

性能指标及其代号	具体内容及代号	分数	备 注
机构功能 U_1	u_1:运动规律的实现 u_2:传动精度的高低	5 5	以实现运动为主时,可乘加权系数2
机构工作性能 U_2	u_3:应用范围 u_4:可调性	5 5	受力较大时,u_5 和 u_6 可分别乘加权系数1.5
	u_5:运转速度 u_6:承载能力	5 5	
机构动力性能 U_3	u_7:加速度的峰值 u_8:噪声 u_9:耐磨性 u_{10}:最小传动角的大小	5 5 5 5	加速度较大时,u_7 可乘加权系数1.5
经济性 U_4	u_{11}:制造难易程度 u_{12}:材料的价格与消耗 u_{13}:调整方便性 u_{14}:能耗的大小	5 5 5 5	
结构紧凑性 U_5	u_{15}:尺寸大小 u_{16}:质量大小 u_{17}:结构复杂性	5 5 5	
系统协调性 U_6	u_{18}:空间同步性 u_{19}:时间同步性 u_{20}:操作协同性和可靠性	5 5 5	

12.5.2　系统方案设计的评价方法

机械系统方案设计的评价方法有很多种，其中专家逐项计分评价法较为简便实用，其步骤如下：

1）根据被评价对象的特点和要求，确定评价指标所列的项目及具体内容。

2）通过进行专家咨询，逐项分配各个指标的分数值，各分值应根据所设计机械的具体要求和各指标的重要程度确定，分数值总和应为 100。

3）专家的评分一般采取五级量化，即用 1、0.75、0.5、0.25、0 分别表示方案评价为好、较好、一般、较差、很差。

4）计算各方案得分，将各专家的评分进行平均，再乘以该指标的分值，即为该方案在该指标上的得分，将各指标的得分相加，即得到该方案的总分。

5）根据各方案总分高低，排出各方案的优劣顺序，从中选出最佳方案。

 习题与思考题

12-1　机械总体方案设计主要包括哪些内容？其设计原则是什么？

12-2　机械的执行系统方案设计中执行构件有哪些运动形式？哪些典型机构可以实现这些运动？

12-3　请举例说明同一种机械功能要求可以采用不同的工作原理来实现，而同一种工作原理，又可以采用不同的运动规律得到不同的运动方案。

12-4　执行系统形式设计中机构的构型设计方法有哪些？

12-5　运动循环图的作用是什么？共有几种类型？如何画出？

12-6　原动机的常用类型有哪些？它们各有什么特点？在设计时如何选用？

12-7　如何对机械系统运动方案进行评价？

12-8　试选择一种机器，分析其结构组成、执行机构运动规律及机器的工艺过程，并画出机构系统运动简图。

12-9　牛头刨床方案设计的主要要求如下：

1）具有急回运动，行程速比系数要求在 1.4 左右。

2）为了提高刨刀的使用寿命和工件的表面加工质量，在工作行程刨刀近似做匀速运动。

试构思两种以上能满足上述要求的方案，并比较各种方案的优缺点。

12-10　绘制图 12-16 所示四工位专用机床的直角坐标式运动循环图。已知：刀具顶端离开工作表面 60mm，快速移动送进 60mm 接近工件后，匀速送进 55mm（前 5mm 为刀具接近工件时的切入量，工件孔深 40mm，后 10mm 为刀具切出量），然后快速返回。行程速比系数为 1.8，刀具匀速进给速度为 2mm/s，工件装卸时间不超过 10s，生产率为 72 件/h。

12-11　图 12-17 所示的两种机构系统均能实现棘轮的间歇运动，试分析这两种机构系统的组合方式。若要求棘轮的输出运动有较长的停歇时间，试分析采用哪一种机构系统方案较好。

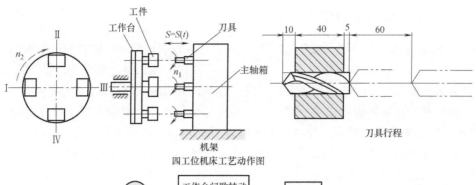

四工位机床工艺动作图

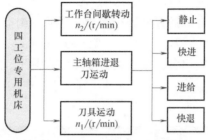

四工位专用机床树状功能图

图 12-16 题 12-10 图

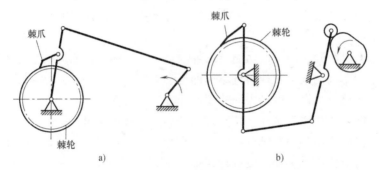

图 12-17 题 12-11 图

参考文献

［1］　张策. 机械原理与机械设计［M］. 3 版. 北京：机械工业出版社，2018.

［2］　孙桓，陈作模，葛文杰. 机械原理［M］. 8 版. 北京：高等教育出版社，2013.

［3］　申永胜. 机械原理教程［M］. 3 版. 北京：清华大学出版社，2015.

［4］　郭宏亮，孙志宏. 机械原理［M］. 北京：北京大学出版社，2011.

［5］　刘会英，张明勤，徐宁. 机械原理［M］. 3 版. 北京：机械工业出版社，2013.

［6］　杨可桢，程光蕴，李仲生，等. 机械设计基础［M］. 6 版. 北京：高等教育出版社，2013.

［7］　高志，黄纯颖. 机械创新设计［M］. 2 版. 北京：高等教育出版社，2010.